法国女人的美丽手记

The French Beauty Solution

[法]马蒂德·托马 著

(Mathilde Thomas)

中信出版集团 · 北京

The grape escape
Vinotherapie
Once upon a vine
The grape escape
Pulp friction massage

致我的先生贝特朗·托马

致我的孩子保罗、露易丝、玛丽安

目录 CONTENTS

引言 INTRODUCTION

我在格勒诺布尔长大，那是法国阿尔卑斯山脚下的一个小村庄，那里有纯净清新的空气，冷冽清凉的山泉。我当时住在外公家的农场里，和我的父母——丹尼尔和弗洛伦斯·卡迪雅，我的妹妹艾丽斯，还有外公莫里斯和外婆伊冯娜住在一起，我们一起打理菜园、养鸡养蜂。外公带我走遍了群山，告诉我哪些植物能吃，哪些蘑菇有毒，哪些药草能治肚子痛，哪些药草能止血，哪些有怡人的薄荷香气，还有哪些有让人鼻涕直流的刺鼻味……

我有幸在那样神奇的地方成长。我的外公外婆都是当地的教师，大部分时间都要用来批改试卷和看书，不过，他们也深知如何与自然生活融为一体，用植物和万物生长的知识，滋养着我的童年。

也是在这里，我学到了我最早的独门美丽秘诀。尽管我们居住的村庄距离繁华的时尚之都巴黎非常遥远，但在我们家的院子里恰好就能找到几十种最好的美容配方。我的外婆会用在花园角落安家的蜂巢里的蜂蜜自制香甜的面膜，当她自己涂抹的时候，也总会往我的小脸上也轻拍一些，因为她深知这些天然成分具有极佳的舒缓和清洁效用。她还会用新鲜翠绿的橄榄油和朗姆酒，调配超级保湿滋养的发膜。我们会坐在一起涂抹发膜，在弥漫的香气中咯咯地说笑着，等待秀发完全浸润。外婆很早就发现我着迷于各类香气——我们会玩蒙眼辨认香草的游戏，而我总是可以轻易区分出龙蒿、百里香、罗勒、鼠尾草、薄荷等不同植物。尽管我当时年纪还小，但是当我告诉外婆希望从事美容事业的时候，她一点儿都不惊讶。

随着我慢慢长大，外婆和母亲正式开始教我如何从内而外全面美丽，这些也是她们的母亲一代代传下来的智慧，都是经过时间检验的秘诀。她们教我追求美丽，并不是看到一丝皱纹或者一处粉刺就大惊小怪，而是将保养看作是每日的必修功课，了解清楚如何保养才行之有效，进而融入我们的日常生活。凭借着这些宝贵知识，还有我对大自然的热爱，我和我的先生贝特朗在1995年创建了自己的护肤品公司——欧缇丽（Caudalie），而且每当我回到阿尔卑斯山麓，或是前去我父母1990年买的波尔多葡萄园时，又会重温起童年的家族记忆。

而直到2010年，我和贝特朗·托马带着孩子们从巴黎搬到纽约，着手拓展欧缇丽美国公司的时候，我才意识到美国人对于美容的态度和法国人不太一样。学习并理解其中的门道，对我具有巨大的吸引力。为此我走遍美国各地，走访了350多家售卖欧缇丽产品的丝芙兰（Sephora）门店、诺德斯特龙（Nordstrom）

百货和 Blue Mercury 美妆店。一年中与数千名顾客面对面交流，我意识到美国女性可以从我的法国美丽智慧中受益一二。尽管百万美国女性将追求美丽视作日常生活中的重要事项，但很多美国女性的美容习惯却太复杂、太昂贵也太痛苦，而结果却往往收效甚微。这也是促使我在 2015 年于美国写下这本书的初衷。而至 2015 年，亚洲市场无疑吸引着全球的目光，美妆的潮流盛典总是于这里最先揭幕，所以我们全家又搬到了亚洲“时尚之都”之一的香港。

无论我身在俄亥俄州的克利夫兰市，还是在佛罗里达州的克利夫兰区，抑或是在香港的中环，我在和很多女性坦率地讨论她们对美的需求和渴望时，都会碰到同样的问题。即使我特意具体问她们对一款护肤品的需求，话题也总是会偏离护肤本身。所有的顾客都有这样的诉求：就是通过简单、快捷的方法拥有美好肌肤，具备不随时光流逝的优雅气质，保持健康的生活方式，维持健康苗条的体态，了解哪些食物对美容有效，在需要的时候如何清体排毒，控制管理压力，打造完美无瑕的妆容和发型，以及如何拥有似乎深植于法国女性 DNA（脱氧核糖核酸）之中的保养智慧，轻松从容地实现美丽。

“你是怎么做到的呢？”这些可爱的女性顾客会问，“我怎么才能，呃，才能更有法式风情？”我会不禁大笑，如若和她们说这件事情不如她们想象的那么复杂，却会换来充满怀疑的微笑回应。难道，法式风情真的很难拥有吗？与我交谈过的女性顾客会告诉我，她们对法式优雅魅力的崇尚，而我也会告诉她们，我们是多么羡慕她们天生就有整齐美丽的牙齿和丰盈柔顺的秀发。

通过与顾客越发深入的交谈，我越能够理清法国女性与亚洲、美国女性的美容理念和习惯的差异和相似之处。我了解到不同国家女性在对美的理解以及护肤习惯上其实存在很多差异，当然其中并不一定有高下之分。但我相信，正是因为这些差异，与我交谈的美国女性还有亚洲女性才会有这么多烦恼。对于法国和亚洲女性来说，我们的日常美容关注的是预防和保养，通透而水润的肌肤是必不可少的持续投资。然而，我在美国看到的却是一种急于求成的趋势。这里的广告创意让我惊讶不已，他们总将自己的产品包装成新一代的美容奇迹，但是因为这些奇迹并不存在，往往导致很多女性在一款产品上投入大笔金钱，发现它并没有立竿见影地解决她们的肌肤问题时，只能草率放弃。而亚洲女性，她们在面对层出不穷的奇特面膜、气垫BB霜等，以及面对环境改变对肌肤带来的负担时，又该如何选择、应对呢？而这正是许多和我交流的女性的护肤问题的源头——即使是最优质的护肤产品，也需要时间才能见效！

这些女性中的许多人坦承，她们在追求美丽时沿用了“没有痛苦就没有回报”的观念来做出判断，这一观念深植于美国的价值观，甚至影响了整个世界。她们向我抱怨高跟鞋让脚不舒服，突击节食让她们头重脚轻，还有刺激肌肤的护肤产品——她们对此甘之如饴，只因相信美丽是要付出痛苦的代价的！

我的天啊！法国的美丽观念是完全相反的，我不禁感叹。我们相信美丽会带来快乐，因为当你放松并感觉良好的时候，才会看起来容光焕发。就像营养丰富的自制蜂蜜面膜，成本只要几毛钱，只要花一分钟调配，就能让肌肤光洁透亮、香气甜美，如天鹅绒般柔滑，还有什么比这更美妙的？或者在晚餐来一杯香醇的红酒，放松身心，为身体注入充盈的抗氧化剂，拖住衰老的脚步？美丽的理念应该首先让自己感觉美好和愉悦。这是美国和法国对待美容方法的最大差异。

过去二十多年来，我一直专注于美容与健康的研究，不断钻研和反复试验（有些产品我反复测试了200次以上），研究哪些物质在富含滋养成分的同时，又不会太过昂贵，并且尽可能天然安全——对我在成长中学到的宝贵知识进行反复求证。

当然，光靠我的成长经历和早期的美丽启蒙，如果没有一次意外的邂逅，我也不会写成这本书。那是1993年10月风和日丽的某天，我和那时还是男朋友的贝特朗，来到父母的葡萄园史密斯拉菲特庄园（Château Smith Haut Lafitte），在葡萄收获的季节帮忙，恰好碰上了一队来自波尔多大学的科学家登门造访——我们的葡萄园离波尔多市中心只有一刻钟车程，而且风景不错，尤其是在金秋时节。这些科学家正在研究葡萄和葡萄酒的分子成分和特性，所以他们来得正是地方，那里种植着一部分全世界最好的葡萄，用来酿制品酒师们公认的顶级佳酿。

我当时只有22岁，非常好奇是葡萄的哪些特性撩起了这些大学研究人员的兴趣，所以父亲把我介绍给他们认识。他知道其中一位科学家约瑟夫·费邓教授正在研究葡萄和葡萄采收后的残余藤蔓（当然他也知道我对美容行业兴趣浓厚，而贝特朗·托马想创立自己的公司）。我和贝特朗在葡萄田中和他们见面，其中一位科学家从地上捡起几段葡萄梗和数粒葡萄，露出了微笑。

“你知道你丢弃的是无价之宝吗？”他指着葡萄采收后经过压榨留下的葡萄籽问道。

这便是我和波尔多医药大学生药学（即植物萃取医药成分研究）实验室负责人费邓教授的初次见面。我当时并不知道他是世界领先的多酚研究专家，多酚是在葡萄籽和葡萄蔓中发现的一种抗氧化物质（我那时候连多酚是什么都不知道）。也不知道这个简单的概念将成就我一生的使命：从身边这些弯曲蔓延的葡萄藤上甜润丰美的深紫葡萄出发，掀起一场全天然的美丽革命。

费邓教授向贝特朗和我谈起了他最近的发现，葡萄多酚是自然生成的最有效的天然抗氧化剂，特别是白藜芦醇——一种存在于葡萄皮、籽、茎中的多酚类物质。他认为白藜芦醇可以延长细胞寿命，并可以帮助人们活得更健康长寿，因此他走访各处参观葡萄园，寻求利用多酚发挥最大效用的方法。

我们又聊了一会儿，最后讨论到法国人的健康悖论。当时这个现象因为一档名为“60分钟”的电视节目而成为舆论热点，节目中科学家塞尔日·雷诺（Serge Renaud，来自费邓教授的母校）

指出了一个令人费解的现象：在西方国家中，法国人嗜好饮酒（红酒消耗量远超位居第二的意大利人），又酷爱各种丰腴的美食，如奶酪、黄油和牛肉等，但心血管疾病发病率却最低。这是什么原因呢？答案就在我们身边：经常性地适度饮用红酒。费郑教授给我们解释，法国饮食对健康的益处很多都来源于红酒里的抗氧化多酚——这正是他致力研究的天然成分。

听到这里，我和贝特朗快速交换了一个彼此心照不宣的眼神。他一直有创业的想法，而当时我已经在格拉斯（法国香水之都）跟随不同的“鼻子”（专业调香师的术语称谓）拜师学艺，希望能在香水和护肤美容行业有所作为。与费郑教授的一席谈话让我们不禁思考。此刻此地，富含白藜芦醇的葡萄近在我们指尖——为什么不探索一下多酚在美容领域发挥效用的空间呢？

所以我们和费郑教授约好了第二天再次会面。我们继续讨论法国的健康悖论，他进一步阐述了他的研究成果，并告诉我们他开发了一种名为“Endothelon”的药物，由从葡萄籽中提取的多酚合成，能够改善血液循环，已经在申请法国药品监管机构的审批。他还在进一步研究，运用脂肪酸稳定多酚，赋予多酚更高的生物有效性。在费郑教授的专利面世之前，利用多酚的唯一方法就是摄入吸收，然而他却想到了将多酚外用的方法。不仅如此，他还能稳定多酚，使它的效果能够长期保存并为此工艺申请了专利——这项专利非常重要，它是将多酚有效运用于抗衰老和防皱护肤产品的唯一办法。

我想一定是我们的年轻热忱和坚定决心打动了这位杰出的科学家，因为后来我们竟说服了他和我们一起合作。1994年，我和贝特朗放弃了各自原本还算不错的工作，从那个看似平常的晴天开始，我们致力一生的事业——“全球护肤帝国欧缇丽”——从此诞生。

从一开始，我们建立欧缇丽品牌的基础，就是那些伴随我在阿尔卑斯村庄成长过程中学到的同样理念：享受最美的大自然、营养饮食、呼吸纯净清新的空气，以自然的肌肤在山野中漫步，努力钻研，理解科学的力量和我们周遭的世界。我们公司在1995年正式成立，最初的产品是两款面霜和一款美容口服产品，供应数量也极为有限，从如此微不足道的起步，走到了今天遍布全球的精品店和美容中心，我们努力进取，成功建立了令女性安心的享誉国际的美妆品牌。

我希望这本《法国女人的美丽手记》成为法国美容护肤态度的最佳演绎。我用自己的切身体会，针对女性真正所需所想，融会贯通为爱美者著成这一宝典。我一生致力于发现和运用最有效的天然成分，这本书便是我汇集所学、所思的心血结晶，同时也精萃了来自世界各地顶尖美容科学家、美容师和美容界专业人士的实用美丽技巧，一并收录其中。

这里是
故事开始
的地方

位于南法波尔多地区

在这儿，有人和
自然共处的和谐之道

家族经营的酒庄

它们是大自然的瑰宝

Smith Haut Lafitte

"你知道你丢弃的是无价之宝吗？"

费邓教授的这句话，改变了我的一生

我和丈夫贝特朗

1995年，我们正式创立了欧缇丽。

多年来我们依然秉承创业时的热情和信念经营这个出色的品牌

Caudalie科研团队与哈佛医学院戴维·辛克莱博士实验室的伙伴关系始于2013年，共同开启了白藜芦醇抗衰老机制的研究，并取得了突破性的成就

这是个
令人放松的
世外桃源

位于史密斯拉菲特庄园
深处的五星级酒店

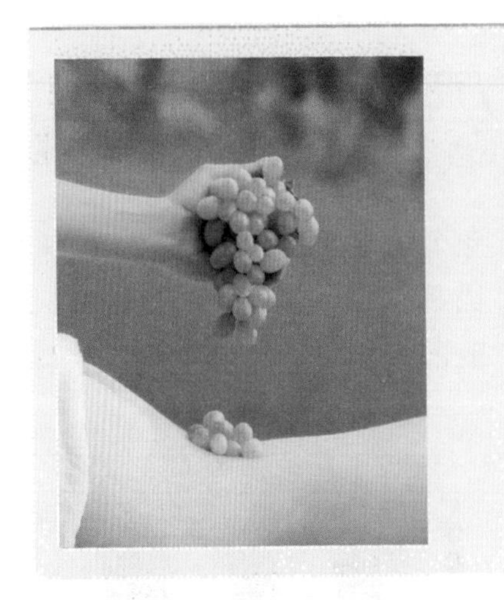

静静躺下，葡萄疗养师将
提供特色的护肤疗法，发挥
葡萄藤和葡萄果的神奇疗效

被葡萄园环抱的
天然温泉葡萄护肤SPA

泳池引自地下540多米
深处的富含矿物质和
微量元素的温泉水

欧缇丽之源坐落于稀世美景中，
被迷人的葡萄田所环绕

我们的葡萄疗养师在
优雅舒适的环境中用她的
一双妙手为您护理身体，
使您放松身心、恢复活力

使用指南

本书共分为五个部分。

第一部分的内容是关于如何像法国人一样快乐健康地生活。第一章“令人艳羡的法式风情”是对我生活哲学和快乐原则的概述，我将在这章中介绍法国的经典之美，以及我们优雅应对时光逝去的心得体验。第二章“我私藏的美食法则：吃出光彩照人”讨论的是我们对美食的态度，并解释你所摄入体内的食物如何由内而外地影响你的精神面貌。可口营养的食物令我精力充沛，而不是造成负担——美味的食物也为我的肌肤注入养分。你将学到的不是应该吃什么，而是应该怎样吃，才能帮助你从内而外改善肌肤，在吸收最佳营养的同时也不会令体重增加。第三章“法式放松舒缓之道”将告诉你如何在改善健康的同时为身体充电。我们需要大量的精力来应对日常的每一项工作，照顾孩子、经营家庭等等——要知道如果我想保持健康，成为我能力所及最优秀的妈妈、妻子和成功的商业领袖，我必须照顾好自己。试想一下，对着一位疲惫萎靡的女性，你会产生“她很漂亮”的想法吗？我想应该不会吧。

第二部分会带你探索护肤背后的科学原理。第四章“悄悄到来的第一道细纹”将为你介绍你身体的最大器官——肌肤的各种基本运作方式。第五章“你值得最好的回报——护肤成分解读”则将为你详解哪些成分具有护肤功效，哪些没有，还有哪些成分可能会损害你的健康。这样你就可以按图索骥，满足护肤需求，而不盲从于虚假广告或在没有作用的产品上浪费金钱。

在第三部分中，我将告诉你如何养成有效的护肤习惯，我提供的建议，旨在帮助你以最简化的护肤手法，满足你的个性化需求。第六章将重点放在你的脸部和颈部，第七章则关注全身护理（包括手、脚和指甲）以及香水的重要性和奢华体验。在第八章中，你会学到各种快速自制护肤配方，这些配方全部经由欧缇丽SPA（水疗）测试，汇集了整个法国的美容智慧，深受众多女性喜爱。

在第四部分，第九章将为你讲解关于法式美妆的各种知识，有专门关于秀发保养的内容。这一部分包括我自己还有其他专业人士最为推崇的美容心得技巧，你可以用美妆来凸显自己的天生丽质，而不是用来掩饰真我，同时还能以简单的方式打造美发造型。

最后，第五部分将为你带来简单易行的“三日葡萄排毒清体疗程”，具有焕发活力，舒缓疗愈的效果。许多人不知道正确的清体排毒方法，甚至有时候会尝试一些非常危险的方式。我将教你如何通过几天有针对性的饮食调理，收到最好的成效。自1999年以来，这本书中分享的所有方法均已在我们的欧缇丽葡萄园SPA中心经过反复测试，我们的顾客早在近年的果汁排毒热潮兴起之前，就已经享受过我们葡萄排毒轻体疗程的美妙疗效。

好了！让我开始与你分享我的秘密吧！

Part One

法式生活带来的
终生魅力

VINS AU VERRE
SELECTION
DE BIERES

第一章

令人艳羡的法式风情

每当我心情愉悦的时候，我感觉自己最美，因为只有在美好的心情下，人才能无所畏惧，敞开怀抱，享受当下。别忘了，当人们放松忘我的时候，会自然流露出最美的状态。

——朱丽叶·比诺什

法式风情这个词语，会让人联想到浪漫与光炫、时尚与幻想、美食与闺密、长面包与芭铎、香水与巴黎、成熟与高贵，还有华丽的凡尔赛，对了，别忘了断头台和高卢人，也可以轻而易举就能坏了你无忧无虑尽享塞纳河浪漫景致的好心情！

法国女性到底有何秘诀，能让美国女性不禁艳羡我们的处世哲学？是什么让伊迪丝·华顿宣称“法国女性更成熟优雅，在几乎所有的方面都与美国普通女性大相径庭。与法国女性相比，一般的美国女性还是幼儿园水平”？即使作为一个热爱低调也带着自豪的法国女性，平心而论，我也觉得伊迪丝这番话说得太尖刻。我在美国生活了五年，与成千上万的美国女性交谈相处过，可以这么说，美国女性对美容和生活方式同样成熟明智，区别只不过在于展现的方法。

是的，热爱奢华和优雅一直是法式风尚的标志。尽管法国历史上贵族的剥削最终导致下层阶级揭竿而起，甚至令臭名昭著的玛丽·安托瓦内特皇后因此失去了她拥有一头完美秀发的脑袋，然而这些著名的贵族也是法国时尚行业和奢华风格的奠基者，让整个欧洲都羡慕不已。而时至今日，比起充斥着宝石、缎带和假发，浓妆艳抹的旧日皇室，我们现代的法式美人仿似简朴的农家女，然而她们仍旧在追求那份别致的优雅风尚。

对法国人来说，美丽是一种“生活的艺术”(Art de Vivre)，它意味着选择最好的方式，凭借一套合适的日常美容程序，让人既拥有美丽的外表，又享有美好的感受。即便在年纪尚轻的时候，我们就清楚什么最适合自己，我们也会自行设定符合自己身份和个性的潮流标准，而不是盲从。“少即是多”，这个理念被我们深耕于心，就如你也认同的那样：美容并没有什么“放之四海而皆准”的方法，最重要的是，无论在哪个年纪，自己的感受都远比外貌来得重要。智慧、优雅、聪明、教养，这些无法触摸的标准对美丽来说同样重要，丝毫不逊色于完美的肌肤。

我相信，只要你遵循这些原则，你就能在短时间内掌握法式美丽的精髓。

法式风情的精髓

快乐是法国女人的金牌法则

快乐原则很简单，它意味着你的日常美容程序应该在为你带来美丽外表的同时，也能让你感受到内心美好。

幸运的是，将快乐原则应用到护肤程序上非常容易，效果好得简直让人难以置信。一旦你意识到，最好的护肤品不用像医疗美容或者口服药剂那样受罪，也会带来久经临床测试和事实证明的显著成果，你就会发现，护肤不是一种难以企及的奢侈品，而是应该在卓有成效的同时，带来愉悦迷人的感官享受，并且你逐渐会发现感受美丽也变成了一件轻松的事儿。

快乐原则让你更容易做出更好的选择，因为我们不仅要喜爱所用的产品，而且更要爱上享用产品的使用过程。我们深信好的护肤方式并不需要使用新潮、热门或者昂贵到离谱儿的产品，而是使用更卓有成效的护肤成分，换言之，就是最适合你的产品。我们希望这样的产品香气宜人，涂抹在肌肤上质感舒适，并且尽可能采用纯天然成分。如果产品让肌肤刺痛发红，或者闻起来像汽车抛光剂，那么这肯定不是你想要的。我们希望能够在护肤的同时，毫不费力地享受到所有感官的愉悦，深信应该令肌肤得到全方位的宠爱。

法国人长期以来都给人以“自视甚高”的印象，甚至让人觉得他们很自大。这只是因为我们坚信，自己应该享受到最好的。我们每个人都值得最好的——当然也包括你。美国人往往以为一分钱一分货，尤其是在美容产品方面（多少人是在开架上买的第一套护肤品，然而一旦有了更多钱，就开始在美容产品上投入大把费用？），但对法国人来说，最贵的并不一定最好。诚然高品质的产品通常要比开架货品贵，但你也要相信，有不少好的产品完全不需要花费太多——甚至用你在厨房里能找到的材料就能自制！最好的产品应该是最适合的产品——它们不仅对你有效，还要适合你的生活方式。

快乐原则在于，无论外表美丽，还是感受美好生活，出发点都是为了自己——不是为了赶潮流，也不是为了吸引他人。这就是为什么我们会在纯色的排扣衬衫和心爱的瘦版牛仔裤里面穿着性感内衣，看似简单，实则性感无比。谁会在意别人是否看得到？不，谢谢！另外，我们不穿平庸的棉质内衣。

天然美肌远胜于戴着化妆“面具”

我的日常美容保养不仅限于在肌肤上涂抹什么，而是去切实关注所有可能影响肌肤状态的一切习惯——饮食、环境、睡眠、压力、工作和旅行等，当然，还有我的家人和朋友。在你开始改变自己选用的护肤产品和美容程序之前，你必须仔细审视自己对待身体的方式，因为这会直接反映在自己的肌肤上。

对于法国人来说，护肤完全在于预防和调理。只要我们遵循快乐原则，护肤就不是一件苦差事，快乐原则让我们能以尽可能轻松、愉快的方式执行日常必要的护肤程序。当然，我们也必须遵从一些基本规则，比如绝不能带妆睡觉，就如同我们不应每天在快餐店解决午餐一样。

护肤的关键在于保养，无论何时开始都不会太早。即便在青少年时期，深谙保养之道的法国妈妈们都会严肃地告诫我们，早上应该涂好具有防晒功能的抗氧化保湿面霜再出门，临睡前也要彻底清洁肌肤。这些教条为我们养成了最简单却有效的保养习惯，并受用终身。因为重点是保护肌肤，而不是用堵塞毛孔的粉底掩盖肌肤瑕疵。

如果长了青春痘，我们会赶紧去找皮肤科医生，他们会提供一系列可选的治疗方案——若是十六七岁的话，甚至治疗方案选项里还会包含避孕药，因为它们对抗青春痘真是太管用了。另外，法国药店的服务比美国杂货店式的药店更为个性化，他们拥有完备的护肤中心、药剂师和其他对肌肤问题训练有素的服务人员。因此我们在药店里购买需要的护肤品时，可以对产品的功效一清二楚并非常放心。

比起化妆，我的母亲向来对拥有光滑柔亮的秀发和光洁细腻的肌肤更为着迷。她喜欢尝试各种新的抗皱霜，所以她的浴室架子看上去简直像个药橱，但在化妆方面，她往往只涂一点睫毛膏，再抹上淡色的唇膏，在我记忆中，鲜有例外的时候。我以她为学习榜样，购买的第一款化妆产品便是娇兰的 Terracotta （提洛克）超纯粹古铜色粉底。我的朋友也买了这款产品，也许我们会再涂上淡色透明唇彩，在睫毛顶端打点睫毛膏，简单梳个头发，这就算完事了。

后来，每次我和在旅途中遇见的美国妈妈还有她们的小女儿分享我们从儿时至今的做法时，她们都会惊讶地睁大眼睛，连连发问：“真的吗？就这么简单？”对，就是这么简单，但看得出来她们并不相信！

虽然现在我多用了几件护肤品，我的化妆包也比以前更满了，但二十多年来，我的护肤程序并没有太大的改变。很庆幸自己很早就开始注意肌肤保养，因此避免了许多对肌肤不利的因素，否则早就为时已晚。

许多女性自信地认为，为了尽可能保持轻盈和年轻，她们必须无止境地忍饥挨饿，哪怕只是稍微动念想吃一小片面包和甜奶油，都会觉得愧疚万分。在每天被塞满的行程里，也一定会加上一小时跟随私人教练进行地狱式训练，甚至在 CrossFit（克劳斯）健身房撕裂肌肉。每天早上即便不吃早餐也会兴致满满地吞进 26 种不同的补剂，早晚一次不落地涂抹超昂贵的面霜。她们也会将医疗美容医生的电话号码存在快速拨号列表里，为激光美容、注射填充，抑或其他痛苦却看起来不自然的美容手段花费成千上万元。相信我——这绝不是法国人的方式！

美国女性总是对我说，法国女性让美容“看起来很容易”。而我总会告诉她们，因为对我们来说，美容真的很容易。原因在于我们简化了日常的美容程序，深知至简至美的道理。

没错，尝试最新面世的新鲜产品很有意思——而且因为工作需要，我要不断地试用各种新产品，也一直在研发新的产品——但基本上，护肤的步骤其实真的很简单（第三部分我们将深入介绍）：早上用洁面乳、爽肤水、眼霜、精华液和具有防晒功效的保湿霜，晚上也是一样（保湿霜换成不具防晒功效的晚霜，千万记得卸妆）。至少一周两次为皮肤去角质，以便去除死皮细胞，定期敷面膜补水。

你瞧，就是这么简单！

永远不要节食，远离加工食品

节食没有用！你愿意忍饥挨饿，肤色却晦暗无光吗？反正我不愿意！

在第二章，我将告诉你如何像法国人一样享受美食，所以在这里我要说，节食不仅会损害你的新陈代谢，也会伤害你的肌肤。我们应该坚持吃营养丰富、质朴天然的食物，最好是自己烹饪的食材。确保不含加工食品、化学处理和人造成分，这才是确保你获得合适营养的关键，让你的肌肤由内而外焕发光泽感。

法国人非常讲究美食，当然还有美酒。哦，法国“悖论”万岁！

晚餐小酌一杯红酒，对肌肤和身体都有好处

在本书的第二部分和第五部分，我会更详细地介绍关于葡萄酒中的多酚还有其他营养元素的效用，不过，简单来说就是，晚餐时小酌一杯佐餐红酒，不仅可以提升美食体验，对你的健康更是大有裨益。一杯红酒也能放松身心，让你脸颊泛起红晕，肌肤也会散发润泽光彩，更为美丽动人。

舒服自在，面对真实的身体

十三岁那年的暑假，父母将我送到加州离洛杉矶不远的地方参加夏令营，跟我一起去的还有两个好友。我们安顿好之后，就和其他营友一起开始享受日光浴。我们自然而然地脱掉上衣，这样就不必担心身上会晒出比基尼印了。（怎么说好呢，我们当时还很年轻，没有太在意阳光带来的伤害！）可想而知，后来这种行为可惹出大麻烦了！我得坦白承认，当时这样大胆行事是想看看别人的反应：到底我们法国女孩子能不能大方地展现自己，因为我们向来如此。但麻烦归麻烦，看到同营营友和辅导员大惊失色的表情对我们来说也算值了。因为在法国，没有人会在海滩上穿着上衣，裸露身体绝对没什么大不了的。然而在加州，这种行为才成了件了不得的事，这里的金色阳光和柔软沙滩对法国女孩来说如此诱人，这里的人们却试图让我们为自由自在地享受日光浴而感到羞耻。所幸我们知道父母会对拘谨的美国人大翻白眼，事实上他们也确实翻了白眼。

清教徒对身体及其功能的拘谨观念已渗入了美国文化的各个方面，可法国人绝不会这么想。

在法国到处都是坐浴盆，身体没什么好羞耻的！我们讶异于美国人高

声勒令在公共场合哺乳的母亲需要加以遮挡，却对杂志和广告牌上年轻女孩搔首弄姿、极尽性感之能事的牛仔裤广告毫无异议。这种态度也感染了我的孩子，他们现在觉得在海滩或家里赤裸上身很“恶心”。当我告诉父母，自己的孩子们说我淋浴后赤身裸体“有失体面”，我的父母会哈哈大笑。毕竟在法语中，没有在家里或海滩“裸体不体面”的对应说法。

身体，无论高矮胖瘦，都是上天的精彩杰作。我们生来便赤身裸体，每天还必须脱衣服好几次，舒服自在地面对身体才是最大的轻松。我想这也是法国人看似毫不费力就能变美的原因之一——因为我们从小就在自在做自己的氛围中长大。

看起来如此完美，实际却又不真实。如果精致外表之下的女人不够自信，其实是会表现出来的。因为美丽和情绪有关，并且无法伪装。我认为这也是美国女性倾向于过分包装自己，并隐藏在完美装扮面具背后的原因之一：头发精心造型，妆容完美无瑕，鞋子闪闪发亮，与服装风格成套搭配，可是当这位完美女人感到不自在的时候，她的痛苦将无法掩饰。她会偷偷每隔几分钟就对镜检查头发，她会询问朋友们来寻求别人的肯定。如果她在问“我的屁股看起来翘吗？”而没有立即得到渴望的答案时，她一定会狂奔到女盥洗室大哭一场。而在亚洲生活的这段时间，我同样感受到了亚洲女性对微整形的热衷，在聊着天的工夫，她们已经预约好了医生做下班后的“透明质酸注射”或者是“水光针”。当然这没有什么不好，但效果的优劣就完全取决于个人的偏好。比如其中和我共事的一位女性，她会选择非常温和的注射量，注射完会看起来非常自然和年轻。而相反，我也看过由于过量注射而使面部僵硬得无表情的模样。

拥抱自己的小缺陷

完美太无聊了！法国女人不会过于严苛地对待自己，你也不必太较真儿！

正如我上文所说，当你舒适自在做自己的时候，也会容易接受自己的小缺陷。

法国人更乐于接受与众不同的美感，甚至引以为荣，而美国人却执着于遮盖小缺陷和在意不完美。鼻子有点长？耳朵有点招风耳？眉毛有点歪？嘴唇形状有点怪？雀斑总是消不下去？亲爱的，谁会在乎呢？我们觉得这一切都美极了。

以碧姬·芭铎为例，她的美让人瞠目结舌，那可爱的小龅牙让男人如痴如狂，恨不能去一亲芳泽。可是呢，美国人看着她却会说："嗯，没错，她很漂亮，她很可爱，穿着白色比基尼的样子真是一个尤物，可你看到她的牙齿了吗？！一口大龅牙！她为什么不把牙箍好呢？"

你看那些法国著名的美人，法国很多家喻户晓的美丽面孔都有明显的小缺陷，就像凡妮莎·帕拉迪斯门牙的小豁口、夏洛特·兰普林下垂的眼皮，或者像夏洛特·甘斯布那样长相略显平凡，却能在略施粉黛后瞬间变成媲美她妹妹露·杜瓦隆的大美人！我们也欣赏其他国家具有独特风格的女性，像雌雄莫辨的蒂尔达·斯文顿，像辛迪·克劳馥和她那著名的痣，还有安洁莉卡·赫斯顿和她美丽的鹰钩鼻。这些不同寻常的特质细想似乎不完美，但正由于这些不完美让这些女性令人更为难忘。

永远不要过犹不及

法国人酷爱看似素颜的裸妆，远胜于浓妆艳抹。

想尝试烟熏眼妆？很好，但你的嘴唇就别上唇彩了。

爱上新出的血红唇膏了？也不错，但眼妆只用睫毛膏稍微点缀就够了。

巴黎女人的化妆术，就如同池塘里怡然自得的鸭子一样，看似信手拈来，又毫不费力。然而她们不希望你看到的，是达到如此轻松境界而在背后付出的努力，就像湖面平静游动的鸭子在水下也会奋力划动着脚蹼。当你赞美法国朋友，说她的面容看上去状态好极了，她们会说："嗯，是啊。可我真的什么也没有做，真的！化妆就这么简单容易，这里涂涂那里抹抹，这就好啦！"

真是像她们说的那么轻松吗？形同素颜的裸妆更要花点时间才能掌握，万事在开头都要花费时间精力的，我会告诉你个中诀窍。但总体来说，你的日常举止（不是守在电话旁等男人的来电，谢谢！），还有你的妆容和发型设计都应追求一种精心营造的漫不经心，如此便能在短时间内学到法国女人的魅力精髓。然后，就可以扔掉那些从没用过的瓶瓶罐罐，因为你知道以后也用不着它们了。

总会有支不一样的口红

尽管法国女人对最适合自己的风格是相当自信的，但她们也总是乐意尝试新的颜色或质感，如果不适合，她们并不介意把它束之高阁。换而言之，即使法国人钟情于形同素颜的裸妆，她们也并不想因此被困在一成不变的模式里，请在可能适合你的范围内大胆尝试吧。

如果你已经跃跃欲试，打算冒险尝试新妆，不妨听听我的好友德尔菲·娜西的建议，这位著名的化妆师是这么说的："毫无疑问，你应该尝试新的造型，但不要轻易在与男性约会时冒这个险。最安全的方式是换上新妆，与你的闺密们见面，问问她们评价如何。然后再试着在男性面前尝试新风格，看看又会发生什么！”

没有付出，就没有回报？才不是呢

极致的美丽需要付出巨大痛苦作为代价，这种观念肯定会让法国人频频摇头，并说道:“人生苦短！”(La vie est trop courte)的确，人生苦短，又何必受罪呢？

美国人之所以愿意接受非常痛苦或过程苛刻的美容疗程，是因为她们相信这些疗程能让她们更美丽。而法国人则觉得，如果某种美容治疗让人痛苦，如果某款产品会引起刺痛，如果感觉哪里不对劲，如果所有人都说非这样不可，那么这肯定没好事，我们才不会就范！

永远不要带妆入睡

即便你和爱人已经畅饮了一晚上的香槟而意乱情迷，上床睡觉前也务必清醒片刻去完成卸妆和彻底洁面的功课，然后再充分保湿。在法国，无论你喝了多少酒，妈妈们都不会大惊小怪。然而如果你没卸睫毛膏就睡着了，她可要大惊失色并教育你一通。

一尘不染的该是窗户，而不是脸蛋或秀发

我见过的许多美国女人告诉我，她们接受的长期教育是要求彻底洗干净秀发，并且一定要纤尘不染。为了达到这个目的，她们会重复不断地搓出泡沫然后费力冲洗，最后却百思不得其解，为什么每天都认真护理，

秀发还是会干枯受损？她们还会反复擦洗面部，仿佛一丝污垢和油脂都不能放过，结果洗得肌肤粗糙。这不仅是对快乐原则反其道而行，也洗掉了赋予秀发健康光泽和为肌肤注入活力饱满质感的天然油脂。请温柔对待它们，秀发才能保持天然光泽。

美容范围不能止于下巴

对法国人而言，脸部保养应涵盖从头至肩颈的所有肌肤。也就是说，你在保养脸部的同时，应一并护理颈部和肩部，当然也别忘了身上的其他部位！请阅读本书第七章，了解更多相关内容。

专业 SPA 护理是必需品，而不是奢侈品

我将在第三章中详细讨论这一点，但我们知道无论优质专业的美容疗程价格多贵，只要效果显著就是值得的。我们不会把 SPA 当作可能一年才能放纵一次的奢侈犒赏，相反这是我们常规护肤的一个必要组成部分，坚持使用优质的疗程和产品，才能获得累积的保养效果。哪怕搬来香港后，我也不会停止自己的 SPA 护理，除了常去位于中环歌赋街的店铺二楼享受面部和身体护理，我也是中式按摩的头号粉丝，俗话说入乡随俗，我体验了针灸和足底按摩，你知道吗，那种感觉很好。幸运的是，在法国，甚至是巴黎，美容沙龙和水疗中心的美容疗程一般更价廉物美——也许正是因为我们经常光顾，才能让他们的价格保持在相宜的水平。就像美国的美甲沙龙非常便宜，所以美国人会经常到店里美甲，而法国人倾向于自己美甲。

我的朋友伯纳德 · 赫佐格博士，是一位深受巴黎和伦敦美丽女性欢迎

的美容医师，他擅长以精妙细致的电波拉皮疗法，重塑净白肤色和丰盈脸颊，据他所说："法国女性即便没有特别的肌肤问题，也会经常咨询她们的美容专家或销售美妆产品的药剂师，寻求专业建议。她们的美容方法往往大同小异：保湿养护和注重防晒。"因为在法国和欧洲，紫外线对肌肤的危害也引起了越来越多的关注。

"肌肤问题越严重，就越应该采用医学的方法，"他补充说，"当肌肤问题长期没有改善甚至恶化时，法国女性会去看医生。在这种情况下，我们不再局限于化妆品领域，而是采取医学美容手段，因为疗法的目的更多是治疗肌肤问题，而非美容保养。"

听伯纳德的建议，不要把定期专业护理视作非必要的奢侈品。你每年是不是会去看两次牙医，确保牙齿清洁健康呢？所以，为什么不给肌肤同等待遇呢？

人生，绝不是一场竞赛

在第三章你将会更详细地了解到，法国人是如何放慢节奏去享受生活的。他们知道，生命也许苦短，但绝对不是一场只为了奔赴终点的短跑。我们不想因为压力所迫而疲于奔命，而许多美国女性却正是如此——养育孩子，学习跆拳道，从事高压力的职业，将自己的孩子送去最好的幼儿园。我们看着这样的压力深表同情，无比感激我们充满乐趣的法式生活哲学和漫长的假期，因为我们深知压力会对我们的肌肤造成什么影响。我在纽约每天都能目睹压力带来的种种弊端。纽约无疑是一个适合工作的美丽城市，但巴黎才是适合体验美好生活的乐园。

愿意与你共度此生的爱人，会接纳你的身体和你的全部

法国的青少年会很调皮。我们经常互相取笑说：“你长痘痘的原因是因为你没有情人！”请注意，当我们还是满脸青春痘的青少年时，身体还完全没有做好恋爱的准备。

但我们知道，当我们长大，享受爱情的滋润，确实能改善我们的肌肤光泽度，给我们的脸颊添上独特的玫瑰色光芒。

拥抱时光，风格即是你的魅力

每当回到法国探望我的老朋友时，我总是感到有些惊讶。她们和我年龄相仿，尽管有着四十多岁女性自然衰老形成的皱纹，却依旧美丽动人。这在纽约可不常见，到了特定年龄之后，纽约的女性往往会采取不自然的方式填充脸庞，竭力摆脱任何可能透露她们年龄的皱纹和色斑。

但我认为我的老朋友看起来更美丽，因为她们更像她们自己。我知道她们永远不会把脸折腾得光滑无瑕，形同塑料，而身体其他地方却照样松弛起皱。她们和我一样明白，即使我们抚平了一个部位的皱纹，它们还是会跑到其他部位落地生根！唯一真正有效的办法是保护自己免受阳光照射，尽量用最好的产品保湿，并遵从这本书里提到的法式护肤技巧。你不觉得，这要比时时刻刻担心一觉起来又多了一条新皱纹要轻松多了吗？

皱纹是生活留下的一个标志，笑纹之所以称为笑纹，自然有其原因。

年轻时脸颊丰盈的美好记忆固然值得珍惜，也应欣然接受如今轮廓分明的优雅颧骨。对外表的自信和怡然自得的气度，甚至能让一位八十多岁的老太太看起来比矫枉过正的潮流人士年轻几十岁。

这让我想起一个小故事，一位美国朋友最近告诉我：“我和男友第一次去巴黎的时候，在一个温暖的夏日，我们到一家露天咖啡馆享用午餐。一位看起来六十多岁或者七十岁出头的法国女人，就坐在我们旁边一桌。在巴黎这样俊男美女云集的地方，我独为这位老太太所吸引，她的穿着比我那一周看到的绝大多数法国女人都来得更精致讲究，甚至比我平时一般会见到的人都更会打扮，要知道我可是生活在纽约市中心的！她穿着一件航海风格纹样的合体薄毛衣，剪裁无可挑剔的卡其色紧身裤，马鞍鞋，外搭一条围巾。并没有什么特别华丽的地方，但是穿在她身上就是特别合适。尤其是那双鞋！那是一双橙色的鞋，不是那种亮眼的荧光橙，而是焦橙色，引人注目却仍然端庄优雅，她完全散发着别致的独特风格。”

“最让我惊讶的是，她丝毫没有掩饰自己的年龄，却看起来依旧美丽动人。她穿着入时，但却不想显得太年轻。她的头发是淡淡的银色，完全不像同年龄纽约女人那样染着明显的发色。她也不像我认识或见过的很多美国女人那样，很刻意地追求紧身或新潮的装扮。同时她也没有放弃对美丽的追求，穿上松紧裤和松垮的上衣。我意识到，对于法国人来说，美丽是一种会随着年龄增长而变化的风格。20 岁的美丽，完全不同于 40 岁或 60 岁甚至更为年长时的美丽。然而，无论何种年纪，她们都一直是美丽的。当我看着这个女人，我不会想说：‘噢，她这么大岁数了还看起来很美丽。’我只会觉得：‘毋庸置疑，她很美丽。’”

我朋友提到的这位可爱的法国女人懂得，当年龄渐长之后，风格就是一切。我们不想看起来太过矫揉造作，头发梳得完美整齐，顶着如同面具的妆容和过犹不及的整形脸，这些都让女性失去原本的风格魅力。相反，有点不循规蹈矩的摇滚精神，对保持风格来说是件好事。

在年龄渐长的过程中保持优雅，需要在四种生活（工作生活、家庭生活、爱情生活和内心生活）之间取得健康的平衡。香奈儿品牌的创始人可可·香奈儿曾经说过:“随着年龄增长，所有的经历和感受都会写在脸上。”我觉得她这样说有些残酷，但我也的确相信如果你总是紧张、愤怒或沮丧，或者对过去无法释怀，甚至让过往束缚了自己的未来，沧桑的感觉会悄然爬上你的脸庞，让你看起来就很不快乐，也无法展现出你最好的一面。

此外，如果你只执着于保持肌肤光滑紧致，不仅会让自己看起来更老气，也会显得非常无趣。毕竟，外表只在独特个性和动人美丽中扮演小小的一个角色。如果你在生活中有更多的其他兴趣，你就会活得更有趣、更好奇、更充实，也能焕发出更动人的光彩。

法国人对年龄的态度是，变老是每个人都无法避免的。而我在纽约遇到的那些女性，则每天雄心勃勃地与衰老对抗。对她们来说，对抗衰老是一场战争，她们将尽一切所能赢得每一场战斗。

但法国人深知，这是一场毫无胜算的战斗，因为时间从来不会停止流逝。我们不应该和无法避免的衰老顽抗到底，而是该尽我们所能去拥抱它的到来。我们会尽力地平衡生活，不仅仅关注我们的面孔，还要照顾到我们生活中的方方面面。我们将努力保持慷慨大方，在每一个我们在乎的重要领域做到最好。最重要的是，我们要活在当下，活在此刻，不执着于虚无缥缈且不可预知的未来，因此我们为所拥有的而感到心满意足，不纠结于我们永不可企及的奢望。

比如，我们每天晚上都一定会卸妆洗脸！

年过五十、风韵依旧的几大法国美女
（相信我，五十根本不算老！）

碧姬·芭铎

“有什么能比一位智慧与日俱增的老太太更美丽？每一个年龄都是迷人的，只要你活出这个年龄的美丽。”

拥有有史以来最性感的小龅牙，碧姬（法国人喜欢亲昵地称她为“BB”）早年接受过专业芭蕾舞训练，这让她对自己的形体抱有一种罕见的开放和自信的态度。她的身材比例完美，浓密惊人的金发也为她增色不少。她标志性的猫眼妆和性感红唇永不过时，然而她也不知不觉地成为过度暴晒和长年吸烟对女性肌肤产生负面影响的典型教材。在她穿着比基尼展露好身材的那个年代，几乎没什么人使用防晒霜，女性涂上婴儿油尽情日光浴，以便获得圣特罗佩般的古铜肤色。她的脸上如今也许已有了不少岁月的痕迹，但她仍然是“BB”，仍然美得惊心动魄。

朱丽叶·比诺什

“对抗衰老，显然徒劳无益。我认为，归根结底，女艺人要对我们展现的面孔负责。但我理解这种恐惧，我真的能够理解。我很容易会担心：如果我不再美丽，可能就无法再站在镁光灯下工作了。然而我从来没有特意在乎过我是否美丽。我觉得我可以尝试不同的事物改变我的外表，但我从来没有想过一张脸就能代表我的全部。”

朱丽叶散发着迷人的智慧光芒，她从来不浓妆艳抹——她根本不需要。她喜欢变换不同的发型，无论是短发或是刘海发辫都同样迷人，她就是舒适自在拥抱真我的绝佳例子。她在某年还曾经担任我们位于波尔多 Les Accabailles 的史密斯拉菲特酒庄一年一度的丰收节教母，我们真的深感荣幸。

卡罗尔·布盖

“我以前很不好意思，因为被视作美人，我总是觉得人们对我有过多的期待。我觉得美丽还需要拥有智慧和能力——我不是夸夸其谈——内在必须和你美丽的外在相称。我总觉得我要有所作为，证明我没有辜负大众对我的关注。”

卡罗尔曾经是香奈儿的代言人，因出演“邦女郎”而风靡全球，卡罗尔将巴黎式风情的精髓诠释得淋漓尽致，完美对称的轮廓别致动人。她总是留着简单的发型，也不过分浓妆——即使是为香奈儿代言时也甚少施妆。她的美丽经典隽永，就算韶华逝去，优雅和风格也丝毫不减。

凯瑟琳·德纳芙

“女人衰老的进程和基因有很大的关系。我母亲的骨架很优美，我也继承了这点，这当然也有帮助。另外，我的母亲也给了我两个最重要的美容秘诀，一是小心阳光，二是多喝水。”

现在有句经典名言，据说出自凯瑟琳：“四十岁之后，女人必在她的屁股和脸之间做出选择。”意思是随着年龄成长，你脸上的肌肤失去了年轻时的轮廓，一点点的填充有助于减少皱纹，但是如果你的身体太瘦削，看起来又会疲惫憔悴。有趣的是，凯瑟琳经常否认她说过这番话，但无论如何，她的臀部线条依旧美丽，她的脸庞更是动人。她也许动过几处小刀，她也不可能像当年在《白日美人》里一般婀娜苗条，但她的美丽仍令人着迷。

伊莎贝尔·于佩尔

“即使在年轻的时候，我也从来没有表现得像一个美人。我从来在美这方面对自己没什么信心。然而如今回想过去，我才觉得：‘啊，好像还不错。’”

一般来说，法国女人的脸上很少会长太多雀斑，然而像伊莎贝尔这样特别的女人更是凤毛麟角。她高贵冷艳的气质使她成为法国最优秀的女演员之一，叫人简直无法将目光从她身上移开。尤其当她几乎没化妆，只涂上一抹明艳的亚光红唇时，更是令人着迷。简单即是美！

夏洛特·兰普林

“我有好几箱自己的照片，有些还装在相框之中，我总是为自己在照片中的模样感到惊讶。”

多么完美的选择，她在68岁时，还代言了2014年NARS品牌美妆秋季系列的广告。“她别具天然美感，给人强烈的震撼，却又能引起普遍共鸣，”弗朗索瓦 · 纳尔（François Nars）本人向《女装日报》（*Women's Wear Daily*）表达了对夏洛特的溢美之词。夏洛特轮廓鲜明，甚至有些男性化，双眼深邃，面容坚毅果敢，却又极度性感。她丝毫不为随年龄而来的皱纹感到羞愧，我希望更多的女性能仿效她，她如此现代入时，充满摇滚精神，又不会太矫揉造作。

是什么让容颜衰老

你不经意间做过的许多事，都会令你的外表看起来要老上几岁。以下是法国女人尽力避免的一系列禁忌行为：

☒ 粉底涂抹太厚、太明显或者不均匀：如果你的面部和颈部或者身体其他部分不是一个色调，这绝对不行。

☒ 腮红太重，或者腮红的颜色不自然。

☒ 眉毛太薄或形状不对，和脸型不配，风靡一时的“一字眉”万万不可。

☒ 随着时间推移可能会在眼皮上晕染开来的油腻眼影。

☒ 使用过多的睫毛膏：因为睫毛会随着年龄的增长而变少变薄，避免使用纯黑色睫毛膏，换用更自然的棕黑色，仅涂抹睫毛根部，无须一直涂抹到睫毛末梢，也不要画蛇添足，涂上厚重的下睫毛。

☒ 使用荧光色或特别明艳的色调：随着年龄增长，建议选用更柔和自然的色调。

☒ 过于明显的唇线，或比唇膏颜色深的唇线，以及超级闪亮的唇彩。

☒ 借用你女儿的口红：对她化妆包里的任何化妆品，还有她衣柜里的任何衣物，特别是对她的皮革迷你裙说“不”。

☒ 黄色的牙齿。

☒ 不加精心修饰的灰白头发：许多女性的发色即使花白或银灰依旧美丽，但一旦头发开始变白，均匀发色是唯一美丽的方案。

☒ 几十年保持同一个发型不变：长直发、齐刘海儿那是少女的选择。

☒ 几十年都保持同一个发色：随着年龄增长，选择更柔和更浅淡的颜色。

☒ 营养匮乏：如果你节食消瘦，也会表现在你的脸上。当你剥夺自己享用美食的权利，你的外表也会因此疲惫苍白。

☒ 睡眠不足：凌晨 1 点还在发朋友圈可不是件好事。

☒ 压力过大。

☒ 缺乏运动，身材走样绝对显老。

☒ 缺乏好奇心：对世界充满兴趣让你的外表和心态都更年轻。

☒ 心胸狭隘：法国人没有美国人那么拘谨，我们爱自己的身体，我们享受性爱带来的愉悦。此外，我们是欧洲的一部分，只要驱车几个小时，就能前往不同国家，感受不同的新鲜事物。这样能保持我们的冒险精神。

☒ 缺少自我挑战：请永远不要放弃生活，也永远不要放弃保持美丽，放弃立即就会让你显老。如果你尝试节食没有效果（因为节食就是无效的，无论你坚持多久都没用），不要说："哦，我太胖了，我永远没办法拥有好身材。"相反地，你应该说："从现在起，我要像法国女性那样享用最美味的食物，只是克制点、少吃点，我要好好品味每一口食物，我要保持身材，减去赘肉，一边减轻体重一边享受生活。"这种态度，立刻会让你感觉年轻十岁。

☑ 要坚持品用先前提到的佐餐红酒。

美国女性哪些方面让法国女性艳羡不已

不管你相不相信，法国女性在很多方面都羡慕美国女性：

☑ 美国女性美丽的乳房看似总比我们的更匀称，也许实际上并没有！

☑ 她们闪亮整齐的雪白牙齿：这要感谢富含氟的水质和先进的牙科和畸齿矫正术。

☑ 她们强壮的肌肉和骨骼：也许这要归功于在成长过程中作为日常饮食一部分的牛奶、肉类和玉米，美国女性往往看起来比法国女性更健康强壮。充满活力的啦啦队员、跑步爱好者和健身狂热分子总让人惊叹不已。

☑ 她们光彩照人的模特：在我还是个青少年的时候，当时美国顶尖的超模是辛迪·克劳馥、克里斯蒂·特灵顿、珍妮丝·狄金森、圣黛芬妮·西摩和克里斯蒂·布林克利。她们有着浓密的秀发，光洁的肌肤，漂亮的长腿，健美又苗条匀称的身材！她们洋溢着健康活力的无穷魅力，浑然天成，不加修饰。

☑ 她们精致优美的美甲：颜色、质感和形状，选择繁多，相比较而言，我们的指甲和趾甲护理乏善可陈。

☑ 她们抗拒坏习惯的坚强意志：法国女人总是抽很多烟，即使她们知道这个习惯可能会影响健康，甚至危及生命，也不会苛求自己去戒烟，然而在这件事上，她们应该更严格律己。美国女人则走向另一种极端，“天啊，我抽了一支烟，我可能会得癌症”或“我喝了一杯红酒，我会不会变成酒鬼？”而这些只会让我们再想点上一根香烟，再叫上一瓶香槟，彻底放松，不再忧心忡忡。

☑ 她们仿佛有无穷无尽的能量：我们太爱美国了，尤其是纽约。虽然近年来城市几番变迁，很多造就纽约前卫风格的艺术家和创意者选择离开纽约，然而纽约仍然拥有那种特殊的氛围，这里聚集了无数充满创意和雄心的人们，为改变世界而努力。当然，其他地方的美国人也一直让我惊叹不已，她们的创新能力、雄心大志、进取精神和聪明才智让我印象深刻。

☑ 她们的创新精神：美国的美容公司非常积极地参与竞争，总是希望能成为下一个大趋势的推动者。无论他们决定推出什么新产品——全新焕肤产品、水能面膜或洁肤油（美国消费者花了一段时间才理解了这一概念，但这种产品对肌肤非常好）——都会风靡全世界。这些产品的原材料可能来自其他国家，然而全赖美国的销售天才和营销智慧，才让这些产品登上千千万万的货架并为消费者所欢迎喜爱。

☑ 她们直截了当的幽默：法国人不擅长自嘲，我们有时候太把自己当回事儿了。我喜欢看到那些脸上有笑纹的女性，因为我知道，脸上留下笑纹痕迹的女人热衷于在一切事物中找寻乐趣。

☑ 她们直抒胸臆的坦率：在美国，人际交往很直接。在巴黎，我们往往需要更多时间才能敞开心扉，接纳彼此。我们善于保守秘密，这并不总是一件好事。无法率直地谈论自己的感受往往带来极大的压力，最终这种压力会在你的肌肤和生活的方方面面都有所体现。

☑ 她们的抱怨和不满能换来改进：法国人擅长抱怨，然而虽然我们经常抱怨，却往往袖手旁观，无法换来任何实质结果。如果她们买了一款新保湿霜，却发现无法达到产品承诺的效果，她们会毫不犹豫地拿回到店里，要求退款，因为她们知道肯定会得偿所愿。

☑ 她们追求成功的动力：法国人有点懒惰，因为他们想追求的是快乐，而不是成功。

☑ 在美国，一切皆有可能：法国社会更加封闭，等级更加森严（即使我们并不承认）。在法国，你是谁，出生在哪里，定义了一个人生活的许多方面。在美国，一个人无论来自什么地方，都有可能攀上人生巅峰。你可以重新定义自己，重新开始，没有人为此侧目置喙，事实上，美国人反而会鼓励你积极争取。

在成功的路上，不要受制于一成不变的美丽陈规，要善于从不同区域的护肤魅力中获取新的体验！

而在来到亚洲后的短短时间里，我就感受到亚洲女性肌肤的魅力。

☑ 亚洲女人看起来非常年轻：得益于你们天生知道由内而外的护理习惯，所以非常注重饮食和肌肤的联系。

☑ 亚洲女人没有皱纹：因为你们很注重防晒和美白，阳光带来的老化问题并不会成为主要烦恼。

☑ 亚洲女人有更加紧致的完美无瑕的肌肤：你们常常会观察肌肤的变化，并且做出应对。

☑ 亚洲女人有半透明质感的肤色：这样看起来非常年轻可爱。

☑ 亚洲女人的身材非常苗条: 饮食均衡和运动健身的理念深入人心。

☑ 亚洲女人拥有散发迷人光泽的直发。

不足五十、风韵动人的几大法国美女

玛丽昂·歌迪亚

“我从来没有真正在意我的长相，因为我对它不是很感兴趣。我不需要它。”

玛丽昂与她的家人在波尔多附近过着安静而简单的生活（她喜欢到我们的酒庄享受欧缇丽 SPA 的保养）。她坚持肌肤只使用最自然的有机产品——而效果有目共睹。她的智慧，还有忠于自己价值观和信仰的态度，让她更显美丽动人。我可以亲自做证，她不施粉黛的肌肤是我见过的肌肤状态最完美的。

夏洛特·甘斯布

“我的母亲是一个很好的榜样，她从来不做什么修饰。当然，她天生丽质。她说，在 20 世纪 60 年代，由于千篇一律的化妆模式，所有的女孩看起来都一样。她说你应该尽可能保持真实的自我。”

夏洛特是时尚偶像简·柏金和歌手塞尔日·甘斯布的爱情结晶，她一直身材苗条，有着非凡的前卫感，这让她散发着轻松随意的时尚风格。她的美不落窠臼，这一秒可以是平淡无奇的邻家女孩，下一秒一个侧脸便美得惊人，因此她是电影版《简·爱》中女主角的完美人选。

伊娃·格林

“一切都在眼睛里，灵魂也在眼睛里，深邃的双眼赋予灵魂更多深意。我在现实生活中不化妆，我崇尚简单。所以，我在红毯上盛装打扮的原因可能就在于此。其他场合，我完全不在意修饰。实际上，我应该稍微花点心思在打扮上。”

她的表演十分性感，充满感官魅力，伊娃的翘唇堪称完美，她也深知如何展示她的优势。在所有的法国美女中，伊娃受美国的影响最深，因此在公众场合示人的时候，她往往会将自己掩藏在浓妆面具之后。仔细观察她和她的双胞胎姐妹的照片非常有趣，你一眼就能看出哪位是需要保持一定形象的明星美人。

苏菲·玛索

“我从来没有真正美丽过，我很上镜，因为这对我很重要。现在我年龄渐长，我知道我需要悉心保养。”

在我看来，苏菲就是四十多岁女性的典范，她们已经不再年轻，然而仍具有年轻活力的精神。她是法国版的美丽邻家女孩，高卢版的詹妮弗·安妮斯顿。我觉得她现在看起来甚至比她出演《勇敢的心》时更为美丽。她在亚洲尤其受欢迎，许多亚洲女性认为她是法国美女的典范。

凡妮莎·帕拉迪斯

“我为什么非要去矫正牙齿？我生来就是这样一副牙齿，我往外吐水时都方便很多。所以，它们很有用！”

凡妮莎，容颜永驻的小妖精，她既有朋克的前卫叛逆，又有嬉皮士的随性自然，还无缝融合香奈儿的精致典雅。她很少化妆，她门牙间的缝隙（被称为“幸运的牙齿”）只会让她更可爱。她是如此可爱，大大方方高兴地承认她钟爱葡萄酒和美容疗法。如果你看过她许多照片，就会发现她对打理发型不怎么上心，但她仍然能让仿佛刚刚睡醒的蓬松乱发成为一种时尚。

The grape escape
Pulp friction massage
Vinotherapie
Once upon a vine
The grape escape
Pulp friction massage

第二章

我私藏的美食法则：吃出光彩照人

我永远无法成为当今女演员的典范，我从来没有那么瘦过。我喜欢在一天结束时享用美好的一餐，还有一杯品质上佳的波尔多红酒。我尽可能注意饮食，但我不是美国人，不想时刻关注卡路里，也不打算通过锻炼来塑造体型。

——凯瑟琳·德纳芙

好的护肤模式始于你早上醒来的那一刻——与你的饮食息息相关。理想情况下，平衡的饮食应包含大量富含抗氧化成分的蔬菜和水果，限制摄入加工食品或垃圾食品，便能给你最健康的肌肤。这恰恰是亚洲女性的饮食习惯，你们钟爱健康的食材，善于用食补来调节和改善自己的身体状况，这些发现让我备感惊喜！

而典型的法式饮食具有明显的地中海风格：新鲜的蔬菜和水果、全谷物、坚果、豆类、橄榄油、鱼肉、一些乳制品、少量肉类、极少量的加工食品。《美国临床营养学》杂志在 2001 年 5 月发表了一项名为“营养护肤：微量元素和脂肪酸对健康的影响”的研究报告，表明地中海式饮食能延长寿命。这种饮食最重要的特点是，这些健康食品不仅营养丰富，而且富含 ω-3 和 ω-6 等人体必需的脂肪酸，这是保持细胞膜健康的必需物质。同时，这些健康食物还富含抗氧化成分，在本书第二部分会有更多相关内容。

皮肤是人体最大的器官，它会反映你的饮食情况——不仅仅是吃了什么，还有怎么吃。如果你饮用优质的矿泉水和茶水并远离垃圾食品，你的消化系统将正常运作，肌肤会散发自然光泽（便秘肯定会对你的肌肤产生负面影响）。如果你充分摄入身体所需的有益脂肪，在满足能量所需的同时，能促进油脂分泌，使肌肤润泽，你自然会容光焕发。如果你不去刻意节食以致自己身形憔悴，你自然会散发出动人光芒。

请继续阅读下文，我会告诉你吃什么，如何吃，才能达到肌肤最佳的健康状态。

对肌肤最有益的食物

想获得最健康的肌肤，你应该吃富含以下两类物质的食物：抗氧化成分和人体必需的脂肪酸。

富含抗氧化成分的食物

在第四章中，我们会更详尽地探讨这个话题。而现在，你需要知道的是，当我们吸入氧气维持身体机能时，细胞代谢会形成一种被称为自由基的副产物，它会破坏细胞，导致肌肤加速衰老。抗氧化成分可以中和自由基，因此抗氧化成分应成为你的每日常规饮食和护肤品中的必要组成部分。

塔夫茨大学人体营养研究中心对抗衰老的研究结果显示，最富含抗氧化成分的水果包括野生蓝莓、黑莓、树莓、草莓、西梅、李子、葡萄干、红葡萄、橘子和樱桃。而最富含抗氧化成分的蔬菜则包括甘蓝、菠菜、抱子甘蓝、苜蓿芽、花椰菜和甜菜。

维生素 A、维生素 C 和维生素 E 是具有抗氧化功能的维生素，还有矿物质硒和抗氧化化合物番茄红素也具有同样功效，尤其有助于保持血管健康，当然多酚也是强效的抗氧化成分，你可以在第四章读到更详尽的相关内容。现在开始，要选择以下富含抗氧化成分的食物：

• 维生素 A / β－胡萝卜素

西蓝花、哈密瓜、胡萝卜、蛋黄、强化谷物、营养强化牛奶、动物肝脏、低脂乳制品、杧果、桃子、南瓜、番茄、山药。

• 维生素 C

花椰菜、甜瓜、柑橘类水果和果汁、羽衣甘蓝、青椒、甘蓝、奇异果、木瓜、芹菜、卷心菜、菠菜、草莓。

• 维生素 E

西蓝花、杏干、鱼、鱼油、强化谷物、坚果、种子、虾、植物油、全粒谷物。

• 番茄红素

西红柿。

• 多酚

葡萄（紫葡萄的皮和籽尤其富含多酚）、红葡萄酒、各类浆果、枸杞。

• 硒

鸡蛋、大蒜、海鲜、全粒谷物。

富含必需脂肪酸（EFA）的食物

对你的肌肤至关重要的另一种营养物质是必需脂肪酸，尤其是 ω-3 和 ω-6，这两种物质对人体免疫系统调节起着重要作用，能减轻炎症，也具有肌肤屏障功能。如果你的肌肤经常发干、敏感脆弱，或有湿疹、过敏等症状，摄入必需脂肪酸会对你的肌肤状况有很大的改善。必需脂肪酸在应对换季肌肤问题和晒前防护方面也有很好的效果。

必需脂肪酸的最佳来源是冷水鱼类，如鲑鱼、鲱鱼、鲭鱼等，橄榄油和葡萄籽油、核桃和杏仁、深绿色叶子的蔬菜、全粒谷物食品以及鸡蛋。

你需要喝多少水来保持肌肤健康

早在美国普及瓶装水之前，法国人就在日常生活中饮用瓶装水了，不仅因为瓶装水方便携带，还因为其富含矿物质。大多美国瓶装水都不是天然泉水，而法国的瓶装水则不然，法国瓶装水采用天然泉水灌装，富含天然矿物质，帮助身体吸收营养，同时为你补充水分，保持肌肤润泽。这些瓶装水中最常见的矿物是钙、镁、钾和钠。法国各地的市场和超市都提供品类丰富的瓶装水供消费者选择，每个品牌还有不同的口味和矿物质含量，具体取决于泉水的来源，部分瓶装水中还含有天然碳酸。比如说 Perrier（巴黎水）含钠很低，Vichy（薇姿）含钠较高，而 Apollinaris（阿波利纳里斯）品牌的水则富含镁元素。我偏爱薇姿的 Célestins（塞勒斯定）和 Hépar（何帕）系列，给我带来透亮肌肤光泽，但我并不支持使用塑料瓶，因为我们要考虑瓶体的可回收利用。所以，还是建议选择使用可回收玻璃瓶的品牌。我们在欧缇丽世界各地的所有办公室和 SPA 中心都安装了净水过滤器，这有益于大家的健康，也有利于保护环境。我会喝过滤后的纯净水，还有我最喜欢的无咖啡因南非路易波士茶（Rooibios），或是欧缇丽的排毒有机草本茶，这样我能保持一整天都有充足的水分。这样的喝水习惯也有助于我控制食欲，因为喝水同样可以增强饱腹感，不易饥饿。

梅奥医学中心研究指出，平均每人每天需要大约 8 杯水，即 1.8 升水。咖啡或茶中含有的水分也应算入饮水量当中，食物中所含的水分也是如此，比如说西瓜和菠菜就含有丰富的水分，所以它们的卡路里含量才这么低。如果你运动或大量出汗、怀孕或有其他健康问题，又或者天气炎热，则需要补充更多水分。

水对维持所有的身体机能都必不可少，口渴是我们身体发出的缺水信号，不可轻易忽视。如果严重脱水，可能会带来致命后果，你的肌肤会收缩起皱，但只要身体得到所需的水分补充，情况就会改善。正常摄入充足的水分并不会使肌肤变得丰盈或减少皱纹，但仍然需要每天喝够所需的8杯水，从而维持器官正常运作，尤其是肌肤。

而近年有一款口感清新、气泡细腻的新型饮品正侵占着亚洲女性的味蕾，这就是气泡水。气泡水的流行也并非徒有虚名，经过法国营养学家论证，气泡水富有矿物质、微量元素和碳酸，可以有效促进血液循环、抑制食欲、消除便秘、阻断糖类与脂肪的吸收、中和身体中的酸性物质等多种作用，对消化也非常有帮助。但品牌如此繁多，该如何选择呢？

Célestin系列产品对肤色和消化系统特别有益处。法国药妆店出售的Hydroxydase（涵瑞思）品牌产品，也富含多种矿物质和稀有元素，可毫不费力地轻松瘦身。来自科西嘉岛（Corsica）的Orezza（奥尔扎）品牌，额外含有铁元素，有帮助消化的功效。Rozana（罗赞娜）每升水富含160毫克的镁元素，抗疲劳的效果奇佳。Badoit（巴多提）含有大量的碳酸盐，而Quezac（曲扎科）和Chateldon（夏特丹）则含有大量的有益消化的矿物质。

你需要吃口服补剂来获得健康的肌肤吗

世上并没有能保证肌肤健康的灵丹妙药或维生素。如果你遵循法国人的饮食习惯，特别是经常食用富含抗氧化成分和必需脂肪酸的食物来获取所需的营养物质，则是轻而易举的事情。虽然我们的身体必须每日摄入推荐剂量的维生素和矿物质，使新陈代谢系统尽可能保持活跃，然而真正的营养缺乏现象并不多见。因为美国人往往饮食过量，特别是摄入大量加工食物，这些食物里已经添加了不同的维生素和矿物质。

服用维生素或矿物质补剂似乎是一个好主意，但美国女性经常自我诊断，然后草率地服药，这令我有些担心。相比之下，法国女性和亚洲女性则会煮一锅美味的鸡汤，加点羽衣甘蓝和大蒜，不仅能满足胃口，也提供易于消化和吸收的丰富营养。记住，未咨询医生意见之前，切勿大剂量地服用任何补剂，这非常重要！比如说，有些维生素如维生素 A 和维生素 E 是脂溶性的，这意味着它们会存储在你的身体里，而任何多余的维生素 C 都会通过尿液排出。请医生定期为你检查体内铁元素和维生素 D 的水平，因为很多女性往往会缺乏这两种元素，可能会造成严重的健康问题。如果突然觉得肌肤干燥，而且并不是环境变化所致（如冬天暖气过热或其他外部刺激），那可能是糖尿病、激素或甲状腺异常的先兆，应尽快就医检查。

如果你想服用补剂：

☒ 不要自我诊断或自我治疗！切记要先咨询医生应如何服用补剂，简单的血液测试就可以检测出你的维生素和矿物质水平。

☑ 在过去二十年的《自由基生物学和医学》杂志上，多项经同行评议的科学研究报告已指出，人体内的维生素 E 和 β－胡萝卜素会在经受阳光暴晒后减少。这意味着，肌肤中的抗氧化成分大幅损耗，需要得到补充，以避免衰老。此时你需要摄入富含抗氧化成分的水果和蔬菜，特别是富含多酚的食物，以便从内到外补充维生素 C、维生素 E 和 β - 胡萝卜素。

☑ 每天服用一粒适合女性的基本复合维生素矿物质补剂，对于长期节食的女性来说是不错的主意，可以确保摄入足够的钙和铁。

☑ 良好的益生菌能增加肠道中的活性有益细菌，利于消化系统运作。

☑ 有些女性喜欢服用生物素来改善指甲或头发状况，即便实际上很少有人缺乏正常水平的生物素，如果你选择服用生物素，请注意可能要持续服用 2~6 个月之后，你才会看到效果。

☑ 如果你想服用含必需脂肪酸的补剂，最好的来源是初榨植物油（琉璃苣油、月见草油、葡萄籽油）和鱼油。

享“瘦”美丽的饮食心机

每年夏天，我外婆会用在森林里采集的野生覆盆子来做蜜饯，那可真是出了名的美味和甜蜜。我当时并没有意识到，生活在那个农场是多么幸运的一件事，几乎所有吃的东西都是从自家园子或是农场里新鲜采摘下来的，营养又美味。

更幸运的是，我们邻居家种的韭菜也好极了。我的外婆可馋这些韭菜了！她每天早晨会到当地村庄去买新鲜的法式长面包和其他好吃的，如果恰逢韭菜正当令，她会到面包店给我们的邻居买个小柠檬蛋糕——他们以物易物。邻居收下柠檬蛋糕，而我们就可以吃上新鲜美味的韭菜了。冬天的时候韭菜要种在温室里，需要更多的工夫打理，外婆要用两个蛋糕才能换到韭菜呢！外婆用蛋糕换韭菜，体现了她教给我们并深深植根于我们脑海里的美食观念——真正的“美味”源自天然。

我相信你也看过一些报道，法国人甚至是最讲究的“巴黎客”，都开始放弃原则效仿其他国家的繁忙现代人，他们的日常饮食变得尽是快餐、包装食品甚至工厂生产的法式长面包，这可是亵渎美味！除了口腹之欲不能满足，这些充斥着防腐剂和垃圾食品的饮食结构令亚健康问题也随之而来。不过法国作为美食大国，整体而言仍然对从食物中摄取营养抱有一种虔诚的态度。对我们来说，正确的饮食结构不仅是吃好的食物，恰当的用餐时间也至关重要，全家人能围在桌前共同欢笑用餐是我们的最大快乐。请记住，不要剥夺自己享用美食的权利，并且努力保持营养、均衡的饮食习惯。

换句话说，法国女人喜欢在新鲜出炉的面包上涂抹醇厚牛油（饱和脂肪和白面粉，简直是绝配！），也喜欢往咖啡里加牛奶（不要豆奶，谢谢）。我们不会对麸质避之唯恐不及，我们也热爱在盘子上盛满味道浓郁的熟奶酪，和用香酥薯条伴碟的半熟牛排。

每当我告诉美国顾客自己有多爱吃，也从不剥夺自己享受美食的乐趣，每天晚餐还要享用一杯自家庄园酿造的波尔多红酒时，他们会大为惊讶，看我的眼神就仿佛我一下长出了六个头：你怎么能如此钟情于吃？你怎么能每天晚上喝酒，而不成为酒鬼？

答案很简单。法国人饮食文化的要义是：尽情享用，但要适可而止！

没有一种食物可以保证让你看起来年轻，也不必急于求成去采用各种昙花一现的速成减肥食谱，但均衡的饮食有助你保持一个稳定健康的体重。此外，美味且口感丰富的食物，可以带来更令人满足的饱腹感，就像你面对精美且量少的日料或者法餐的时候，总担心自己会吃不饱，实则吃完却觉得非常饱足。新鲜的食物同样重要，富含营养和纤维素的食物很快能让你的胃和舌尖都感受到满足。还有富含脂肪的食物，如奶酪和黄油，也是如此。馥郁丰盛的大餐让法国人可以谢绝在每餐之间乱吃零食，也让我们对糖分不那么热衷和渴望。许多近期的研究都显示，比起饱受诟病的脂肪，糖分更是体重飙升的罪魁祸首。请细想一下："无脂肪"的食物是用什么取代脂肪的呢？答案无疑是糖！也有其他的一些研究表明，加工食品是导致肥胖的元凶之一，因为我们的身体不知道如何处理其中的防腐剂和化学添加剂。说到底，自然和纯正的食物才是美肤的有效秘诀，从现在开始何不试试像法国人一样用餐，那会从内到外全面提升你的自然美。

节食和挨饿永远都是徒劳

节食没有用，不仅对达成你的减肥目标毫无用处，还会损害你的肌肤。事实上，节食带来的伤害往往得不偿失！

我和很多顾客探讨过无数节食食谱，尤其在我走访美国各地时，那些苛刻至极让人难以坚持的节食食谱让我震惊不已。极端苛刻的节食确实可能在极短的时间内见效，当你需要为某个特殊场合临时减掉几磅时倒也无伤大雅，比如一个快速减重的 PP/PS 方法（断淀粉 / 断糖）颇有成效。但这种营养失衡的饮食，切记只能持续几天。我们知道，一个制定严格、不允许有丝毫偏差的节食食谱，让我们兴味索然，这不仅仅是对自己的惩罚。就比如我喜欢西蓝花，但我也不想把西蓝花和一块烤鸡肉当作晚餐。这种方式对法国人来说完全没有意义，因为极端的克制和压抑必定会跟随着几日后的暴饮暴食，数周痛苦的节食只要一个晚上在超市的冷柜前横扫冰激凌，所有努力就前功尽弃了。

此外，你知道吗？我们限制热量摄入时，身体会自动开启饥饿模式，这意味着它实际上会减少热量消耗来维持新陈代谢，一旦恢复正常的热量摄入，你反而会迅速反弹好几磅。

我的理念是，如果今晚你特别想吃巧克力，就买经济承受能力内最好的巧克力，然后只吃上一小块。（注意：我没有说吃下整块巧克力。）细细品味，尽情享受每一口的滋味。不要苛责自己，来一次小小的恣情放纵。

波尔多的欧缇丽 SPA 里的主厨有这么一个说法：只吃值得你吃的美味。如果你吃了一块曲奇，发现不好吃，何必坚持吃下去呢？法国人外出到高档餐厅享用一顿大餐，可能会摄入 2500~3000 卡路里的热量，但他们不但不自责，反而会坦然回顾这顿大餐是多么美妙，多么值得专门来一趟，然后确保第二天不再过量进食。

惩罚自己不碰食物只会适得其反，完全反快乐原则而行。我经常听到一些美国朋友念叨："我知道不能吃，我真的不能吃，好吧，我还是吃点吧。"为了几勺甜点就快把自己纠结疯了，何必呢？事后她们又会说："我不敢相信竟然吃了这个，我太差劲，太糟糕了。我简直就是头猪。从明天起我要节食。"天啊，这是多么不可理喻！

下一次你有节食想法的时候，要谨记持续的体重波动可能会对肌肤带来负面的影响。这对于无法坚持节食的人来说尤其重要。试想一下：如果你的脸膨胀，然后缩小，而后随着体重的变化不断反复膨胀缩小，随着时间的推移，你的肌肤会因为反复拉伸而失去弹性。待到年纪渐长的时候，肌肤一旦被拉伸就没那么容易恢复了。

别错过天然新鲜的食材，尤其是蔬果

我认识的法国女人都对包装食品深恶痛绝，她们会在午餐或下班后到当地市场购买看起来最新鲜美味的食材，然后在晚上犒赏家人一顿简单的美餐。有一个美国朋友告诉我，有一年夏天她到法国多尔多涅省租了一间民居度假，她和朋友家人一起开怀大吃，最后反而都减轻了体重。早晨他们会步行到附近的村庄享用新鲜的法式长面包和咖啡，然后再开始一天的游玩。他们没有吃零食，而是尝遍了所有当地的美味佳肴，当然还用红酒佐餐。结果他们在完全没有刻意减重的情况下，反而不知不觉瘦了，因为他们遵循了法国的进食方式——不错过健康、天然、新鲜、美味的食材，充分享受吃的乐趣。

如果你从一开始就不买垃圾食品，就更容易吃到真正天然健康的食物。我刚到纽约去逛超市时，看到那些向儿童销售的食品，实在惊讶极了。那些“午餐便当”中，还有含大量防腐剂和添加剂的熟食肉类，钠盐含量超标；饼干里添加了大量高果糖的玉米糖浆，这肯定会导致孩子们的血糖飙升；毫无营养并含有大量高果糖的玉米糖浆和食用色素的饮料、用罐装番茄酱调味的通心粉，还有装在瓶子里的沙拉酱（自制一份新鲜沙拉酱也就一两分钟，可以为任何沙拉增添美妙滋味）。这种“方便、快捷”是美式聪明才智的体现，然而聪明却用错了地方。

我坚信膳食平衡的重要性，甚至不乐意让我的孩子们周末去爱吃垃圾食品的同学家玩——当然，有时候我实在拗不过他们，还是会让他们去。但只要是在家里，我们就会一起自己动手烹饪美食，孩子们也喜欢帮我一起烘焙美味的巧克力慕斯或曲奇。适度的甜蜜犒劳无伤大雅，我和孩子们在厨房里快乐地忙活，搞得一团糟再把成果统统吃掉，真是美好的时光。

孩子们可以通过看我准备食材和给我打下手，学习如何烹饪和挑选食材，并养成良好的习惯。他们非常喜欢享用由新鲜水果、酸奶加上果酱或蜂蜜做成的点心，或是水果、牛奶和枫糖浆混合而成的自制奶昔。

如果你需要更多的感官刺激，并且确切地希望减重，可以观看由凯蒂·库里克制作的纪录片《甜蜜的负担》（*Fed Up*），影片里面揭示了食品行业企图掩盖的诸多真相。又或者可以阅读一下迈克尔·莫斯所著的《盐糖脂》（*Salt Sugar Fat*），了解食品公司是如何将化学品和防腐剂塞入它们畅销的零食当中，让你对这些热量虚高却毫无营养的垃圾食物上瘾。所以，还是开始自己做饭吧！

细细品味你的食物，唇齿留香

我们公司的名字“Caudalie”（欧缇丽），原意是葡萄酒在口中留香时间的测量单位。对于一款葡萄酒来说，它的“Caudalies”越高，味道就越香醇。你瞧，法国人很擅长为事物取一个美好的名字，享受美食也要唇齿留香般诗意。

当住在巴黎的时候，我们常去的第十七区市场最出名的就是新鲜的比目鱼和鲈鱼，清甜鲜脆的水果和蔬菜，还有奶酪店里浓郁的松露奶酪。没有什么比漫步于市场，搜寻当天新鲜的食材更美妙的事情了。市场里的鱼贩知道我们喜欢比目鱼，面包师则会递给我一份全麦面包，还有我们亲切地叫她“奥文尼夫人”的蔬果摊贩，她双颊丰满，和蔼可亲，总是向我们推荐她的桃子和自制的杏肉果酱，我的丈夫贝特朗特别喜欢。

无疑，法国人热爱美食。我们谈论起美食和烹饪来，跟美国人热衷体育的程度差不多。我们知道，如果食物风味十足，自然需要细细品味。如果食物中充满化学添加剂、虚假原料（你读过儿童通心粉和奶酪盒的标签吗？相当可怕！）、过多的盐分，还有太多的糖，就没有办法细品了。如果食物本身美味可口，你可以沉浸在浓郁的滋味中，慢慢咀嚼，享受每一口食物。事实上，最近的研究表明，细嚼慢咽的饮食习惯和唾液中含有的酶，有助于正常的消化吸收和维持饱腹感，哪怕只是一顿简餐。

凡事都应适度

无论什么东西都应该有个度，过度永远都不是好事，即使是我最爱的红葡萄酒也不例外。如果你能够细细品味，如果食物的味道可口丰富，我们不会想着吃很多。在美国这样可能很难，我们的眼睛和胃都习惯了“超大份”，分量甚至高达正常食量的两到三倍。如何避免吃成不健康的胖子，简单的方法是换用较小的碗碟，吃饱了就清理好餐桌，避免重复进食。剩下的食物可以留到下一顿，这样就不会浪费。

美国人往往会严重低估他们一天中摄入的热量，这也很难怪他们，毕竟在外就餐的时候上菜的分量就巨大无比。我们刚到美国的时候，餐盘里的分量让我非常震惊，差不多相当于在法国四个人的分量。那些有自助沙拉吧的餐厅或是吃自助餐的情况更让我吃惊。成人一天所需的蛋白质只不过是80~120克的牛排、鸡或鱼肉，差不多是一只手掌的大小。而所需的米饭或意大利面也只不过是拳头般大小，你最后一次在餐馆里看到这么小份的食物是在什么时候?

食品标签也会造成很大的误导，你以为食品标签详细列出了营养和热量，但它却很容易让你忽略“每单位含量”的字样。你可能认为吃下去的就是上面所标注的量，但实际上可能是标注量的三倍甚至更多。

我那些苗条纤细的巴黎朋友会随心所欲地吃她们想吃的任何美食——但只是一小份。如果她们吃饱了，就把食物剩在盘子里。她们从不会要求打包，除非她们家里养着一只喜欢吃剩牛排的狗。

享受固定的“用餐时间”

不久前的一天，我和一位美国团队的同事在我们的波尔多葡萄园散步的时候，她忽然皱着眉头看了一下手表，然后告诉我：“我的蛋白质补充时间到了。”然后她从包里掏出一根能量棒，几秒钟就吃完了。我这才意识到她刚刚吃的就是她的午餐！我都不忍心告诉她，袋装的蛋白质能量棒不是真正的食物，里面添加了大量的糖，她以为能量棒富含营养真是大错特错。身在美妙的自然风景里，她本不用这样匆匆应付，可以更明智地用一个脆甜多汁的青苹果垫垫肚子，还可以补充很多植物营养素和膳食纤维，并且再过一个小时，就可以和我共享一顿愉快轻松的美餐了。而等到那天真正的晚餐时刻，她实在饿极了。你知道在接下来的 2 小时里这意味着什么。

在巴黎街头，你很少会看见法国女人边走边吃。然而在纽约，我每天回公司的路上，都能看到边走边吃的女性，甚至连她们自己可能都不清楚到底吃进去了些什么。如果你在匆忙赶路时狼吞虎咽，或站在厨房案台旁边做边吃，又或在看电视、视频直播或刷社交网络的同时吃饭，难免会心不在焉，根本不清楚自己究竟吃了多少——更别提自己是不是真的需要吃这么多。

法国人更乐意坐下来吃饭，安安稳稳地坐在厨房或餐厅里。我们将每顿饭的时间都当作一天的重要时刻，这不仅是一种仪式感，也是一段享受彼此陪伴的时光，也或者，如果是一个人的话，就享受自己的独处时光。不管我们手头的工作有多繁忙，我们都会停下来好好吃一顿饭。这样我们的大脑和身体可以冷静下来，补充完能量后可以更高效地工作。

无论有多忙，在用餐时间暂时将工作抛开非常重要。不要在办公桌上吃饭，找一个空间坐下来，远离电脑、手机和其他电子设备。即使只有你一个人，也不妨铺好桌布，摆上可爱的盘子和银器餐具，然后放松地享受美食。你需要这样的片刻暇余，你也值得拥有这样的时光，不仅能帮助你好好消化，还能理清思绪和振奋精神呢！

像皇室贵族那样用餐

我喜欢与我的孩子们开玩笑，说我们吃得和皇室一样好：

早餐吃得就像国王。早餐是一天中分量最大、最丰盛、最令人饱足的一顿。

午餐吃得就像王子。不像早餐那么丰富，但还是让你心满意足。

晚餐吃得就像农夫。同样美味，但去掉了一些要花很长时间消化吸收的食物。

换言之，早餐应该是一天当中最丰盛的一顿，而晚餐则应该吃得最少。这样的进餐安排给你身体足够的时间来有效地处理自身摄入的食物。可以防止你血糖突然飙升，这样你就不会突然无法控制地渴望大量碳水化合物和含糖的零食，当然还能为你提供所需的能量。

灶台不是护肤的天敌

据称，法国的新一代女性大多在快餐的陪伴下成长，这无疑让人闻之沮丧。但大多数我认识的法国人都喜欢亲自下厨，我从小就在美食的陪伴中度过了无数的快乐时光，一开始是看着我的外婆准备各种可口的饭菜，到 10 岁的某天外婆递给我一把刀，我终于能帮得上忙，外婆的期许让我十分自豪。

从小受到家庭烹饪美食的环境熏陶，学习厨艺对我来说并不困难也不麻烦，成年就自然而然地就掌握了这门本领。和我一样，我的丈夫喜欢做一些简单又美味的菜式。无法否认的是，他做米兰炖牛腿之类传统菜式的手艺让我自愧不如，所以我们在厨房分工合作，我更喜欢烹调蔬菜或海鲜，又或者拌个沙拉，偶尔也大显身手，做一下我最拿手的黑巧克力慕斯。

挑食是为了和身体更好地相处

某天早上好朋友和我面露难色地说：其实我已经便秘好几天了，你觉得喝三天排毒果汁会有用吗？我的内心第一反应就是：哦，不会吧，那可真糟糕。然后询问她是否有早上起床喝水的习惯，答案你也可以猜想到了，她说她很少喝水。

亚洲人非常讲究食补疗法，却往往忽视了最基本却事半功倍的自然法则：选择优质的食材、使用健康的烹饪油、少而精的饮食。我们的身体往往是摄入了过多无法代谢的元素，或是消耗了器官过多的能量才会变得不堪重负。在亚洲居住的两年时间里，团队常和我提起要开发一个祛痘控油的产品系列来解决亚洲女性的痘痘肌肤困扰。其实除了护肤以外，饮食能给身体带来更大改变，如果你正在发痘，从现在起就和这些令人无法拒绝的食物说“不”！

☒ 牛乳制品（包括脱脂和有机的）

☒ 甜品蛋糕

☒ 香肠和腊肠

☒ 炸土豆条

☒ Nutella（能多益）巧克力酱

☒ 炸薯条

☒ 碳酸饮料

☒ 面包制品

☒ 巧克力牛奶

这些食物充满诱惑力，但是会因不同原因使肌肤长痘痘：

☒ 它们含有反式脂肪酸，不断加剧身体内部的炎症

☒ 它们含有大量的糖分

☒ 它们含有激素来加剧症状，哪怕是高品质的奶制品

如果你停止这些馋嘴行为，肌肤会在1~2月内好转，问题是你做得到吗？

第三章

法式放松舒缓之道

我至今学到的最管用的美丽秘诀是我的曾祖母教我的：那就是每天小酌一杯红酒，饭后至少散步半小时。曾祖母一生在法国的山间辛勤劳作，活到 103 岁的高龄，其秘诀就在于此！

我对那里的山地和丘陵了如指掌，当我像许多其他玩伴一样想从农场暂时逃离时，我就会跳上自行车，在山间起伏的狭窄小路上穿梭。周末的时候，我还会和朋友一起徒步，从我们的后院出发，踏过一条蜿蜒流过门口的小溪，在那里有我父亲建的几处小瀑布，我们经常在这里寻找蝌蚪，耳畔流淌的是清脆悦耳的流水声。这些户外探险令我面色红润，身体强健，那时我甚至没有需要运动的意识，我和朋友们只是喜欢到处嬉戏。

小时候我或许梦想过逃往城市，但后来当我真的搬到巴黎和纽约的时候，我不得不想方设法“放松”自己，换作以前在乡间，这简直是轻而易举。童年时，我呼吸的是山间清新的空气，夜晚听到的是鸟叫虫鸣，但现在却被大量污染的空气和二手烟，没完没了的汽笛声、车流声和喋喋不休的说话声包围。

生活节奏加快，世界日趋复杂。我认识的几乎所有女性，无论是法国的、美国的还是亚洲的，一直都在竭力顾及日常大大小小的事务——忙碌于工作、照料孩子、操持家务，并设法挤出些许时间进行自我放松，陪伴朋友和伴侣。可是当我想做到面面俱到，却只会筋疲力尽。如何才能找到平衡？如何平衡生活中不可舍弃的各种需求？如何在不影响自己生活质量或日常习惯的同时写下这本关于美容的书籍？我们的意识中存在一个根本的问题，即认为这一切是相互排斥的，想要成功就得忙碌，就得牺牲轻松和快乐。实际上，要尽你所能获得成功，就必须照顾好自己。就算某天有无数的事情要做，我也绝不会忽视照顾自己，相反，这还会成为日程表上最重要的事。

压力会表现在脸上

你也许长得很美或者曾经很美，这些都不重要。“你是否满意你的工作和生活”，“你是否拥有愉快、稳固的人际关系”，这些都能从你脸上看出来。如果你的生活艰辛，抑或最近遭遇了困境（例如工作不顺）或精神创伤（例如亲人去世、离婚或颠沛流离），也可以看出端倪。极度痛苦的感情创伤可能让人一夜之间青丝变白发，这并非子虚乌有的亚洲神话传说，事实上世界历史对此有很多记载。

学会管理压力是通往美丽之路上至关重要的一步。感觉到压力时，我们的身体会分泌少量肾上腺素和糖皮质激素。数千年前，当人类需要发自本能地求得生存时，这些化学物质非常有用。如今我们虽然不再面临这种威胁，但遇到压力时，我们的身体仍然会分泌这些物质。时间一长，它们的作用就会在肌肤上显现出来。

哎，似曾相识的时光不提也罢！你肯定知道受到压力时的肌肤是什么样的：肌肤失去自然色泽，变得黯黄，双颊泛红。就像临时抱佛脚通宵备考的大学生，他们的脸上长斑，脸部浮肿且面色黯黄，还有黑眼圈！即使用你最喜欢的敷黄瓜美容法来改善肌肤，也是于事无补。

此外，压力还会让细纹和皱纹看起来更加明显。脸上会爆出粉刺，尤其在下巴周围，即便是多年不长粉刺的人也难以幸免。肌肤往往很干燥，有脱皮现象。脸颊下垂，下巴松弛。头发看起来干枯无光泽，甚至开始脱发。湿疹和牛皮癣等自身免疫性皮肤病复发。伤口愈合慢，身体抵抗力下降。

如今，随着压力成为日常生活的常客，我们甚至察觉不到自己已有多么不堪重负，而这一切的解决办法是尽量让自己变得从容、淡定。

虽然法国人很擅长摆绅士架子，但是比在纽约所见，我认为法国人的生活态度更加自由放任。在纽约，竞争迫使原本以为最简单的事情变得复杂。举个例子，当我想送孩子参加舞蹈班时，他们告诉我得先试镜，我对此感到十分震惊！最终被录取的人，竟然事先需要请私教教他们该怎么做。你能想象吗？我同情这些孩子，因为他们的母亲是A型行为的“虎妈”，她们需要拔尖“也需要她们的孩子拔尖”，否则她们就会不可抑制地崩溃。这对任何成年人来说都是莫大的压力，何况是对孩子？我母亲对我的行为举止和学业也有高标准要求，但除此之外她还坚持一点：我必须和任何人都能愉快相处。我对人一视同仁，无论是普通人家的孩子还是富贵家族的孩子，我都给予他们同等的尊重。这种价值观让我十分受用，我也想把它灌输给我的孩子们，以免他们未来会因为没有在各方面表现突出而感到压力。

你的睡眠充足吗

我尽量保持足够的睡眠，但在出差、倒时差、需要精神饱满地熬夜做业务简报或者参加世界各地的发布会时，我很难做到这一点。在纽约时同样难以做到，因为实在太忙了！

疲倦使人感到饥饿、紧张、暴躁。（至少我是这样的！）根据美国国家睡眠基金会的研究，缺少睡眠不仅会造成黑眼圈和眼袋，而且对健康极为不利，致使患心脏疾病、糖尿病、精神疾病、中风、其他慢性疾病以及体重增加的风险提高，疲劳驾驶、注意力下降以及无法保持最佳状态等的风险更不用提。

当然，长期的睡眠问题会对肌肤造成明显的严重损伤，所释放的应激激素会分解保持肌肤弹性的胶原蛋白。人体处于深度睡眠状态时会释放人体生长激素，让骨骼、肌肉和皮肤保持强壮、紧实。

美国国家卫生研究院的统计数据表明，5000 万 ~7000 万的美国人有睡眠不足的困扰，人数之多接近传染病水平。你可以使用下一章节中介绍的舒缓方法帮助自己调整身心，进入睡眠状态，但如果你还是忙得不可开交需要早起的话，你仍然会受到睡眠不足的影响。

我累的时候会用欧缇丽的白藜芦醇紧致提升晚霜，它由罗勒、洋甘菊、柠檬草、薰衣草、薄荷、橙花、百里香提炼而成，这种具有芳香疗愈的气味让我舒缓放松。最近我开始使用朋友告诉我的“4-7-8”方法，步骤很简单：用鼻子吸气 4 秒，保持 7 秒，再用嘴巴呼气 8 秒，直到睡着。这种专注呼吸的方法十分有助于放松，因为以这种特别的方式专注于呼吸能够帮助你清除脑海中挥之不去、令你无法入眠的所有想法和担忧。这实际上也是一种冥想的形式，如果你多加练习，就能在需要时用它来缓解压力。而在中国，很早之前传统中医就认为，中药材作为枕芯填充材料，在人们的长时间睡眠过程中，可以缓缓发挥药力，发挥它们分别具有的不同功效，可以起到身体保健甚至治疗疾病的作用，这和法国人的“睡眠茶”有异曲同工之妙！如果你出差或者长途旅游睡不着觉，妈妈或外婆一定会嘱咐你记得喝“睡眠茶”，其中含有的草本材料：洋甘菊、薰衣草、百里香、鼠尾草、薄荷、马鞭草、香橙花、菩提花、罗勒、香茅草有很好的助眠效果。

放松身心，去做 SPA 吧

你会出现急促的浅呼吸吗？那表明你正在承受压力！这可不是好事，急促呼吸会释放具有破坏作用的自由基，而有意识地放缓呼吸对缓解压力有立竿见影之效。这听起来很傻，但的确有效。吸气时默数到三，然后慢慢呼气也默数到三。当你的孩子在厨房拆开一袋面粉玩，弄得整屋都是，让你忍不住想咆哮的时候，深呼吸是平复心情的好方法。瑜伽、普拉提和冥想课程能教你如何有效呼吸。想办法每天至少花上几分钟时间关注呼吸，这是冥想的精髓，也称之为“解压法”。

法国女性放松减压时会去做 SPA。如同纽约曼哈顿满大街都是美甲店一样，巴黎的美容院随处可见，而且价格实惠，她们每月做一两次脸部护理也是稀松平常的事。我最喜爱的一位女美容师雷吉娜长得十分可人，现在她在纽约广场酒店的欧缇丽水疗中心上班，她的抗衰老面部按摩手法简直神乎其神，先用指尖轻揉肌肤，我们称之为“揉捏法”——一种面部按摩手法，不用使用护肤霜或护肤油，用拇指和食指微微揉捏，从而紧致、提亮并刺激肌肤，然后再滚动推揉，有效促进淋巴排毒和肌肤光滑。这种手法可能听上去有点奇怪，但肌肤的舒缓效果显著，能够略微提拉肌肤，效果也可保持数天。

定期进行面部护理不仅能有效舒缓压力，而且对肌肤的改善效果也十分显著。根据雷吉娜的建议，任何肤质都应该进行面部护理。即使面部长痤疮，也是需要的。因为好的美容师能确保面部皮脂腺均衡，确保肌肤吸收足量水分，进一步减少出油，避免满脸痤疮。

这是“快乐原则”的完美体现。我们都知道，略微精心的呵护并不奢侈，而且很有必要。面部护理是一个循序渐进的过程，越坚持，成效将越明显。

在“要留点时间给自己”这件事上，法国女性从不会犹豫再三。我们会马上付诸行动，比如立即挤出一两个小时去做个 SPA，不仅能使你充分放松，而且确实也能达到全面舒缓身心的目的。

另外，你无须花费一周的时间和购买昂贵的 SPA 项目来达到更好的放松效果。花上一整天放松就会有休假一周的效果，花半天时间就像度过了一个美好的周末，在午间快速做一次面部护理能令你精力充沛一整天！你还可以从美容师那里，学到在日常护理中可以用到的绝妙按摩方法。如此，效果甚至更好。

投入必要的时间使你感觉更好并不算浪费，事实上有时候消磨时光也是极为有效的利用时间。当感觉精神焕然一新、身心彻底放松或者精力恢复充沛后，你将能够更轻松地达成心愿之事，比如赴一个美好的约会。

*** 法式风情的秘诀 ***

沐浴或淋浴后用冷水冲洗一下，不仅能提起精神，还能达到即刻收紧肌肤的功效。

藏在你家中的私密水疗时光

无论你何时走进欧缇丽水疗中心，都会沉浸于葡萄田般的气氛中，情绪可以立刻舒缓下来。有如此美妙体验，其实都是有意而为之的。空气中弥漫着葡萄幽香，音乐流淌，泉水汩汩犹如在喃喃低语。灯光昏暗，烛火跳动，椅子总是特别柔软、舒适。此时换上厚实舒适的浴袍，关掉手机。有人端来草本茶或柠檬水。只需要几分钟，你就会惬意轻松起来。

幸运的是，你不必花很多钱，甚至不用外出就能拥有相同体验。你可以遵循超简单、实惠的小贴士调动感官，在家中营造迷你水疗环境。

香味：激活感官的奥秘在于香味，点上香氛诱人的蜡烛，是让你忘却一切的最快方法。全球最大的香料供应商及香水制造商——国际香料香精公司 (IFF) 三十多年的研究证实了上述观点。

据他们的研究发现，一种或多种香味会激发生命中有关愉悦或美好的深刻记忆。香草味会让你怀念外婆做的甜曲奇，薰衣草味会勾起你法国南部之旅的记忆，那天徜徉于一望无垠的薰衣草花海，也曾微风拂面；檀香会让你想起那次去旧金山唐人街，不慎被淋了雨，却发现刚买的小檀木在经过雨水的洗礼后，香味更宜人。我喜欢用雨后葡萄藤上花香味的蜡烛，暮春波尔多葡萄园散发出的香味，让我嗅到了夏日将至的恋爱味道。

你还可以采用香薰精油营造芳香氛围，精油是香草和花卉高度浓缩的精华，在欧缇丽水疗中心内，我们创造不同功效的浓缩香薰混合，包括多种高浓度有机精油，如：具有提亮肤色作用的杜松果、迷迭香和天竺葵，具有淋巴排毒作用的香茅和柠檬。你可以在居室的淋浴间或浴缸的角落洒几滴喜爱的精油，让流动的热水把香气带入空气，身体浸入水中获得身心的放松，或者使用香薰炉缓慢加热精油，让整个房间充满香味。

不过，务必谨慎使用精油，它是一种高度浓缩的液体，不能直接涂抹于肌肤，只需要加几滴到护肤霜或洗澡水中即可。我会把温热的浴缸当作大型香薰炉，滴入香柠檬、橙花油和苦橙叶油，然后在颈背部位涂抹一点含有薄荷油成分的护肤霜，让我在清晨醒来时神清气爽。睡前，在枕头上洒些薰衣草油，可起到助眠作用。

在第五章中，我会介绍如何用几种精油自行配制护肤产品。让浴室弥漫着你喜爱的香味，让你始终可以闻到这迷人的味道，无论何时，无论紧张还是沮丧，都能有所慰藉，或只是留给自己片刻的私密时光，恢复元气。

触觉：如果你喜欢淋浴，在湿润肌肤后涂抹上香喷喷的沐浴露，然后搓起泡沫。肌肤擦干并还保持湿润时，涂抹保湿身体乳霜，可以起到更好的锁水功效。还有，别忘了双脚！涂上厚厚一层滋润护脚霜，缓解脚底的疲劳。穿上棉袜，不仅有助于护脚霜的吸收及防止滑倒，还能帮助护脚霜发挥最大效能。

*** 法式风情的秘诀 ***

法国人喜欢通过性爱来缓解压力。性爱不仅是鱼水之欢，还有助于促进血液循环，让双颊泛出玫瑰般的红晕。它绝对能令你容光焕发！难怪彩妆大师纳斯 (Nars) 会把他的腮红爆款命名为“潮红”（Orgasm）！就像我朋友在巴黎的奶奶经常告诫她：“穿内衣，一定要得体！因为你永远都不知道下一刻会发生什么事。”

茶味：每天不妨沏一杯热气腾腾、芬芳扑鼻的花草茶，或斟一杯红酒在沐浴或休憩放松时细细品味。

放松时，我会选择猫薄荷、蜜蜂花、缬草、马鞭草、菩提树、西番莲、益母草、蓝花马鞭草等有机茶，这些都可以起到镇定、舒缓的作用。其中对我而言最有效的是缬草，虽然它的口感有点儿奇特，但十分助眠，并能缓解紧张情绪。有趣的是，缬草根含有化学成分缬草酮，与猫薄荷中活跃的化学成分荆芥内酯类似。我养的巴黎猫“爆米花”很爱这个味道，只要我一泡缬草茶，它就会到我面前！同样，香港养的猫“SUSHI”（寿司），也会表现得很兴奋。

视觉：沐浴或淋浴时，把灯光调暗有助于舒缓放松。最好是点蜡烛，而不要开灯。如果在晚上沐浴，夜色有助眠的功效。如果是白天淋浴的话，不妨打开浴室窗户，让自然光透射进来。

你还可巧妙运用色彩进一步舒缓情绪，不同的色彩对心情有不同功效。医院管理人员发现，明亮的色彩可以改善患者的健康。英国专业商业机构色彩影响（Colour Affects）曾就色彩对人的影响方式做过大量研究，发现最具舒缓功效的颜色是粉色、蓝色、绿色、黄色和淡紫色。当然，任何能够吸引你和让你感到放松的色彩都有效。你不必勉为其难地接受纯粹为了显示所谓格调，而营造死气沉沉的白色浴室，只需刷几层涂料，无论是浴室还是你的情绪，都将有令人称奇的变化。

声音：清晨放一段音乐，可以让你一整天都拥有好心情。音乐的节奏适宜平稳、舒缓，音量也不宜过大，否则很难放松下来。欢快的音乐会使你保持好心情。以放松的心态面对所有任务，难道还有比这更好的方式吗？

居家保养新技能

虽然在家中进行面部护理并不会达到专业美容院护理的效果，但仍会给你焕然一新、清爽滋润之感。欧缇丽面部护理大师蕾金 · 贝特洛提出不少妙招儿，我特别推荐以下几点：

☑ 居家面部护理步骤：使用温和的洗面奶清洁面部，随后涂抹爽肤水；如果有需要的话，温和去角质；用蒸汽喷雾扩张毛孔，排出毒素；再次涂抹爽肤水，确保毛孔清洁；用精华液或护肤油进行面部按摩；然后根据肌肤需求，敷用面膜。

☑ 脸部不用过度清洁。温和的洁面既能达到清洁效果，也不会洗去肌肤的天然油脂。根据不同需求，可以交替使用或混合使用几种洗面奶。如果大风天在外奔忙了一天，你的肌肤会比往常更干、更易皲裂，所以需要混合使用洁面乳和卸妆油，使肌肤获得更多滋润再用清水洗净。洁面泡沫或肥皂对油性肌肤的效果更好，搭配温和、无酒精的爽肤水，务必使用不会洗去肌肤油脂的温和爽肤水，如果洗去了油脂，会使肌肤过于干燥，从而导致皮脂腺为滋润肌肤而过度分泌油脂。这也是为何有痤疮或皮肤问题的人仍可以做肌肤护理的原因——因为正确的补水能平衡肌肤出油量。

☑ 洁面并涂抹爽肤水后，温和去角质，但一周不应超过两次。避免使用含杏仁颗粒或大颗粒研磨物质的粗糙磨砂撕裂毛孔，适得其反。适当定期去角质会“调教”肌肤至正确模式，每七天去一次角质，肌肤就会习以为常，在其余六天时间内不会过度反应。

☑ 专业美容师通常使用蒸汽喷雾机加湿空气，湿润肌肤，湿热的空气会使毛孔逐渐打开，去除肌肤中的杂质。这种做法家中也能实现！打开淋浴，并关闭浴室门或浴帘，让蒸汽充满整间浴室，使用热蒸汽蒸发器或加湿器，或把脸部置于一盆热水上方（如果喜欢，可以将毛巾覆在头上）几分钟。

☑ 按摩脸部，促进血液循环和淋巴排毒。刺激淋巴系统会排出体内废物，并尽量减少水分的潴留，这也是为何会使用“排毒”一词的原因，因为这不会造成水肿。涂洗面奶的时候，使用手心而非手指打大圈按摩，同时按自己心律有节奏地按摩，能让肌肤放松，甚是神奇。

☑ 洁面后，一定要用精华液或护肤油按摩脸部，按压脸部穴位，也有减压的奇效。按压的一个最佳区域是“印堂穴”，即眉心。脸部所有神经都汇集到这一点，因此感到压力时会酸疼。（要点：如果眉心处有脓包，切勿按压，可能会让双眼肿胀。）其他穴位有：太阳穴，眼眶骨周围区域，在眼睛上部向下按压。按摩有助于去除黑眼圈和水肿，消散瘀血。最后，按压上下嘴唇。

☑ 在前额中央，并拢指尖向下抹，从中央向两侧放松肌肤，促进淋巴排毒。接下来按摩眼眶，然后按摩下颚和下巴。始终运用从上至下的排毒手法，因为上身最大的淋巴穴位位于腋窝，你要让淋巴液流向腋窝。

☑ 接下来是敷用所选面膜。敷面膜的时候，试着按摩双手、手臂和双脚，来帮助你更好地放松。如果有爱人在侧帮你按摩的话，效果更佳。或让朋友帮你做面部护理，相互按摩脸部，感觉会更好。如果你感到非常疲劳的话，可跳过该步骤。平躺下敷面膜，保持放松并在眼部敷冷的茶包或毛巾等消肿。

☑ 用温水和软毛巾擦去面膜，涂抹精华液和保湿霜。没错，现在你看起来肯定容光焕发！

法国人根本不锻炼身体

更准确地说，相比纽约市挥汗如雨的女性而言，巴黎女性不会围绕锻炼来安排工作和生活。你知道吗？搬到纽约后眼前的景象让我惊呆了：当太阳初升，许多女性就在城区或中央公园一边推着婴儿车，一边慢跑。我又是敬畏，又是仰慕，但请相信，哪怕真需要锻炼身体，巴黎的妈妈们也不会这么做，因为我们实在太懒了！

真希望我能告诉你法国女性其实有特别的锻炼方式来保持苗条身材。然而，并没有。

我们不会像美国人有那么大的运动量，也不喜欢在健身房或瘦身课上挥汗如雨。其实，如今在卢森堡公园慢跑的人要比十年前多（但不是凌晨，那时中央公园已到处都是晨练者），我也遇到过一位巴黎女性，她认为跑步是保持体型的最佳方式。说来惭愧，我们非常了解运动对心血管的益处，我们也想要腹肌和结实的大腿，还有因为运动让肌肤呈现的健康光泽。除了帮助我们保持健康体重，锻炼也是放松减压的好办法。但我们只是不喜欢这么累。

然而，我并不是典型的法国女性，我父母都是顶级运动员，在世界著名的滑雪胜地瓦尔迪塞尔滑雪场 (Val d'Isd'I) 相识相爱。20 世纪 60 年代，我的父亲还代表过法国参加奥运会。父母如今依然非常爱好运动，在寒冷的冬季经常去滑雪。

说实话，我的母亲精力十分旺盛。父母管理着葡萄园，母亲一直要站着，而且夏天还经常绕着葡萄园徒步或骑自行车，并在冬天经常滑雪。每周，母亲跟随点播的一档电视健身节目做一次普拉提。她身上没有一点多余的橘皮组织，惹得我那些年轻朋友们羡慕不已。

我也喜欢在冬天滑雪，在夏天参加各种水上运动，但有计划的体育活动和在健身房锻炼绝不是我的菜。我喜欢骑自行车上班，时间充足的话也会步行。运动让我在一整天的繁忙工作中保持头脑清晰，而且也不会占用太多时间。

法国女性对穿运动鞋的美国游客皱起眉头，因为她们自己绝不会在公共场合穿运动鞋，除非是普拉达（Prada）或川久保玲（Comme des Garcons）的设计。但法国女性仍然暗自羡慕美国女性能够轻松将健身活动融入日常生活，白天她们轻松游走于办公室、健身房之间，夜晚精力充沛地赶赴朋友的晚餐或者各种派对，肌肉只需几秒时间即可进入锻炼状态，所以每一分钟都不容浪费。

相比长跑，法国女性更喜欢快走。巴黎是如此可人的城市，有许多美景可留恋，即使不是出于锻炼目的，而是带着散步的心情去寻找集市或二手书店也不错。如果生活在不适合散步的区域，例如美国郊外或洛杉矶这些必须要开车的地方，那么把车停在远离办公楼或购物中心吧，尽可能爬楼梯，并想办法利用午餐时间或工作休息时间走路。我有许多法国朋友都养狗，她们会一天遛狗数次，也有同样效果。

纽约和巴黎的所有欧缇丽员工每周还要做一小时瑜伽放松减压，当你专注于呼吸时，身体会更加强壮，持之以恒后这种感觉真的很棒。搬来亚洲后的另外一个惊喜就是，运动休闲的生活方式如此受欢迎，我们逐渐意识到，我们只有一个身体，一次生命，运动可以让我们活得更久更年轻。

但很重要的一点是，不要让运动成为我们的负担。如果讨厌去健身房锻炼，不妨去户外慢跑。如果慢跑不是你的菜，那就不妨做瑜伽吧！终究要回到“快乐原则”，感受到锻炼身体的乐趣，才能获益更多。

我的完美假期

如果法国人上街罢工，就算情况严重了。条款谈妥前整个国家都会停止运转，他们罢工的最大诉求同时也无商量余地的是，希望有更多假期。对于我们而言，神圣不可侵犯的 8 月是悠闲度日的月份，除了服务行业人员因为生意好到不行而笑逐颜开以外，其他人纷纷前去度假。正如你知道的，法国 12 月末的几周全是假期，而且法国法律规定：员工每年有 5 周（是的，5 周！）带薪假期，妇女生前两胎至少有 16 周带薪产假，生第三胎有 26 周带薪产假，生双胞胎有 34 周带薪产假。

法国人对待假期的态度与其他国家的人大相径庭。我们认为，如果工人紧张、劳累和沮丧，那么工作效率也不会高。我们认为，即使你热爱工作，忙碌了一天，身体也需要休息。我必须说，美国人常把公共假期分散安排在周一，这样就有了更多的小长假，这点要比法国人智慧多了。我们的公共假期每月都有，但通常安排在周三周四，打乱了大家的工作安排。公共假期反而让工作难以高效，这就是法国特色。

美国人通常很难做到彻底去放松，他们会把假期活动的时间精确到每分每秒。我对此表示理解，特别是当休假时间不多但想充分利用，或是经过长途旅行想尽情拥抱全新环境的时候。但我始终觉得假期就是要放松，就是要什么都不做。更准确地来说，度假时光最好轻松惬意，上午游游泳散散步，睡一个午觉至黄昏时起，再来一次悠长缠绵的烛光晚餐。在法国，我们会计划（如果法国人词典里有计划这个词的话）许多类似的晚餐。我们会在早晨去当地集市购买喜爱的食材，自己做顿饭然后邀上三五好友一同分享。开一瓶开胃酒，我们会在用餐之前喝些鸡尾酒。在我看来，这才是最纯粹的快乐和放松：美食、美酒、好友，一起共度美好时光。这是我的完美假期，我知道休假会让我精神饱满，肌肤焕发光泽，思维敏捷迅速。因为我休假时，会把所有繁忙的工作抛诸脑后。一个完全放松的假期，总是会激发我的创造力。因此，我休假中什么都不做，而此后必定会做到更多！

人生是一场马拉松，不是百米冲刺，要学会控制好自己的步伐。如果我是美国人，一旦创办了自己的公司，每年夏天我肯定会马不停蹄地工作，绝不会去请病假，就跟我的许多美国朋友一样。因此，我可能会精疲力竭，痛苦不堪，工作效率低下或失去所有热情，最后撑不下去只好卖掉公司。实际上我清楚我需要多少假期，在 8 月与家人的夏季放松是必不可少的，这是给自己必要的身心休整放松的时间，让我在一年中接下来的时间里，更愉快、更健康地去工作。

*** 法式风情的秘诀 ***

Herboristerie du Palais Royal是巴黎第一区的隐秘瑰宝，我认识的每个人都会前去购买特别调配的精油。只是走进药妆店，已然令人怦然心动，门店设计古朴，香氛迷人，对你的感官来说真是美妙的享受。药妆店曾根据匈牙利皇后伊莎贝尔数百年来的古方，用迷迭香、薄荷、蜜蜂花、香橙花、没药、玫瑰和安息香，为我配制了一服灵丹妙药，令我的肌肤白里透红、芬芳迷人。

Part two

肌肤之事

第四章
悄悄到来的第一道细纹

了解你的肌肤

当我们提到“organ”（英文“organ”一词同时有“风琴”和“器官”两种含义）时，我们通常会想到《巴黎圣母院》中铮亮耀眼的乐器或者肝肾等内脏。我们很少会想到皮肤，但它确实是人体最大的器官，人体全身皮肤面积达 2 平方米，占体重的 15%。显然，它也是最常暴露于空气或环境中的器官，即便饱受风吹日晒和严寒酷暑之苦，它仍能奇迹般地不断自我修复。不论长幼，也不论有着怎样的生活方式，了解肌肤的生长发育知识能够帮助我们更加有效地修复肌肤。

我们的肌肤由三层组织组成：

☑ 表皮——最外层

肌肤最外面一层活性层称为表皮。80% ~ 95% 的表皮由寿命较短的角化细胞组成。角化细胞在从基质层迁移至表层的过程中逐渐角质化并死亡，形成肌肤的第一层保护层——角质层，可以防止细菌、多余水分以及其他外部元素渗入体内。此外，它还能防止水分和矿物质流失。表皮中还包含黑色素细胞和朗格罕氏细胞，黑色素细胞会产生黑色素，赋予肌肤特定的颜色，并有可能形成色斑。而朗格罕氏细胞是肌肤抵御细菌的第一道防线，当肌肤被割伤或擦伤时，它会释放出白细胞击退入侵的病毒或细菌。

☑ 真皮——中间层

肌肤的中间层称为真皮或真皮层。高达 70% 的真皮由胶原蛋白组成，这种蛋白质会形成结缔组织，为肌肤提供结构支撑，维持肌肤的紧致度和弹性。此外，真皮还包含弹性蛋白（这是保持肌肤弹性的另一种蛋白纤维），以及神经、血管、汗腺、头发毛囊、皮脂（油）腺、氨基葡聚糖（GAG）和成纤母细胞。

☑ 皮下组织——最底层

皮下组织层主要由脂肪细胞构成，这些细胞储存能量并使肌肤充盈饱满。正是因为富含这种优质脂肪，婴儿的脸颊看起来都胖嘟嘟的，让人不禁想捏一捏。这层脂肪还为人体内部器官提供缓冲和保护。此外，这部分还包含了汗腺、皮脂腺和毛发皮囊。

肌肤为什么会衰老

有两种因素会造成肌肤老化：内在因素（无法控制的内在机理）和外部原因（你的可控因素）。

内在机理

皮肤科医生时常开玩笑说，从出生开始，我们的皮肤就在慢慢变老。对于女性而言，衰老迹象通常直到 25 岁以后才开始出现。首先肌肤会出现一些细纹，如果有良好的肌肤保养习惯，通常会自行消失。但是到了 30 岁左右，这些细纹便在肌肤上“安营扎寨”，肌肤的弹性也不复往日。随着年龄的增长，身体所有部位的细胞机能开始衰退，脸部肌肤修复受损的能力会下降，肌肉和骨骼没有以前坚韧。

衰老的内在机理受多重因素影响，包括遗传倾向性、DNA（脱氧核糖核酸）、激素水平、疾病及营养不良对肌肤造成的压力损害等。此外，重力因素也不容忽视，随着时间的推移，人的鼻子、耳垂和耳根都会因重力而下拉变长（多么神奇的变化），逐渐导致了以下现象：

☒ 表皮变厚，与真皮的连接变得不再紧密，从而减弱肌肤受压回弹的能力。

☒ 面部肌肉经常活动，会逐渐产生表情纹或皱纹，这些是肌肤上的纹线、纹沟或折痕，它实际上是由深层肌肤的炎症导致的受损疤痕。皱纹出现的主要原因为重复性动作，尤其在眼角、嘴部周围、鼻翼和前额等地方更为明显。

☒ 胶原蛋白合成减少，弹性蛋白纤维开始松弛和断裂，肌肤也随之失去弹性丰盈。同时，脂肪水平下降，面部骨架可能会微微收缩，这是衰老过程的自然现象，也是那些体脂含量低的人看起来比实际年龄大很多的原因。

☒ 头发毛囊的根源位于皮脂腺内，毛孔则是皮脂腺直通肌肤表面的通道。随着年龄增长皮脂腺日益变大，同时每个毛孔内的肌肤细胞更新速度减缓。幸运的是，利用含有乙醇酸或木瓜酵素的去角质产品来紧致毛孔，可收到极佳效果。但不要过度擦洗，因为那样只会进一步刺激毛孔边缘，适得其反！

☒ 黑色素细胞生成能力下降，因此造成肌肤色素减少。

☒ 协同免疫系统帮助抵御感染的朗格罕氏细胞数量锐减，这样的话，会更容易形成瘀伤，且一时难以愈合。

☒ 这些皮脂腺产生的油脂变少，进而使肌肤变干。

☒ 毛囊数量减少。

肌肤衰老的内在机理，正如发质或瞳孔颜色一样，非人力所能控制。肌肤松弛既有内在机理的作用，如脂肪储备和重力，也受外部衰老因素的影响，比如晒伤。不妨观察一下自己的母亲，你会心平气和地面对韶华流逝，因为无人能够逃脱容颜老去的命运。

并非所有人的肌肤衰老方式都相同，有色人种，尤其是黑人的肌肤老化相对较慢，因为他们的肌肤中含有较多的色素，在面对阳光辐射的时候能够提供更多的防护。还有亚洲女性，你们的脸更圆润，皮下组织层中的脂肪层更厚，更显饱满和年轻靓丽。男性衰老的速度也要比女性慢一些，这是因为他们的真皮层更厚，并且拥有数量更多、更深入内部的毛囊，这有助于支撑肌肤结构，而且定期剃须有助于去除肌肤表面的死皮细胞。

幸运的是，在 55~60 岁之前，内在机理的比重只占肌肤衰老迹象的约 20%。而且，哈佛医学院（Harvard Medical School）的戴维 · 辛克莱博士（David Sinclair）等专攻抗衰老领域的科学家们的研究，很可能会在未来某一天改变细胞衰老的方式。

外部因素

另外80%左右的肌肤衰老迹象（例如，皱纹和肌肤色素异常）是由于外部因素所造成的，而这些往往是我们自己能够控制的：

☒ 暴露于太阳紫外线辐射。大部分公认的衰老迹象，褐斑、毛孔粗大、肤色不均匀、皱纹、斑点或肤色暗沉无光，主要都是由阳光的辐射损伤所致。将面部肌肤与极少受到光照的腹部肌肤相比时，你一眼即可看出差别。

☒ 抽烟。

☒ 恶劣环境。如果生活环境中的空气污浊，不仅会从外部对肌肤造成损害，而且还会因为吸入有毒物质造成由内而外的伤害。气候也会对肌肤造成不利影响，尤其是过于干燥或寒冷的天气。

☒ 压力。当你睡眠不足或压力过大时，关心你的人总会轻易发现，因为从肌肤的迹象就可以看出来。大量研究表明，压力会让人衰老，而通过定期锻炼、营养膳食和良好的支持系统来减轻压力至关重要。有些人可能天生更容易疲劳，这是无法控制的。不过，如何应对压力，我们可以有更多自主权。

☒ 食物与饮食方式。正如之前所说，新鲜、营养均衡的饮食会让人保持精力充沛，相反，垃圾食品则毫无助益。体重反复大幅波动也会反复拉伸肌肤，损害肌肤的弹性导致松弛。因此，这是不要节食的另一个重要理由，应该像法国人一样热爱美食！

抽烟，太可怕了！

当我的巴黎朋友感觉到压力时，她们会制订减压计划。譬如，去 SPA 享受一次悠长、舒缓、提拉肌肤的面部护理或磨砂去角质，然后约上三五闺密到餐厅大快朵颐，开两瓶心爱的波尔多红酒，配上牛排、沙拉好好享受一番。听起来很健康，对不对？

但是，她那天可能还会抽掉一包烟，让前面所有的努力全部付诸东流。

许多法国女性的烟瘾很重，她们不否认这一点，也经常尝试戒烟。有时，她们在戒烟成功后，发现体重略有增加（这是戒烟的常见副作用），她们便会再“点支烟压压惊”，然后回到原来的老路上。

惭愧得很，我曾经也是她们中的一员。17 岁时，我跟初恋男友学会了抽烟，每天一支，直到我搬到纽约后才改掉这个习惯。因为这边的吸烟限制太多，让我几乎找不到可以抽烟的地方，所以我才把它给戒了，谢天谢地！在这里，我经常看到有人顶着炎炎烈日，冒着凛冽寒风或者倾盆大雨，跑到大楼外面抽烟。就算法国女性烟瘾再大，也不至于痴迷到这种地步。在这种条件下如何能开心地吞云吐雾？我曾经为孩子们树立了负面榜样，不过现在对这种负面时光毫无眷恋。因为我也明白哪怕每天只抽一支烟，对健康也是有百害而无一利。

戒烟未果的吸烟者，通常知道尼古丁比海洛因、可卡因和酒精更让人上瘾。他们也知道，抽烟让人英年早逝或者显老，他们通常不了解（也不想去了解）更可怕的后果。

抽烟会减少 30% 的摄氧量，同时向自己的身体释放大量的毒素，包括有毒气体（例如一氧化碳、甲醛、氰化氢和一氧化氮）和有毒物质（例如丙酮、氨、砷、苯、铅、汞和焦油）。每吸入一口烟，都是在给自己制造致癌物和自由基，进而导致连锁反应，尤其是进入体内细胞的血流量和氧气量减少。尼古丁还会阻止雌二醇，这是肌肤中的一种雌性激素，从而让你的肌肤变得更干、更薄。它还会令胶原蛋白分解，同时抑制胶原蛋白的生成，进而让你更容易受到阳光伤害。另外，在手术期内，抽烟会抑制伤口愈合，造成出血，因此吸烟者出现术后并发症的风险更大。

这一点解释了为什么吸烟者通常比同年龄段不抽烟的人更早出现深皱纹、肤质粗糙、肤色暗沉。此外，相比不抽烟的人，长期吸烟者头发过早斑白的可能性大四倍，而脱发的可能性超出两倍。

除肺癌、咽喉癌和口腔癌之外，他们更容易得皮肤癌，尤其是鳞状细胞癌。还有黑色素瘤——最致命的一种皮肤癌，由于吸烟会危害免疫系统，因此吸烟者也更容易被这种疾病夺去生命。

听完之后，你一会儿还想继续抽烟吗？

注意，有个敌人叫自由基

如果我们认识到触发衰老的诱因，我们就掌握了延缓衰老的秘籍！

每天，你的肌肤都会受到外部因素以及体内自然代谢的双重攻击。在我们繁忙生活的每个时刻，都会受到一种叫作“自由基”的微小有害因子的持续攻击。

自由基与氧化

随着身体细胞的老化，它们的分裂复制速度会逐渐减慢，因此胶原蛋白和弹性蛋白的产生量也会变少，并且细胞最多只能分裂 50 次左右就会失去功能。这种固定的寿命称为细胞衰老。压力或打击会加快细胞衰老，这正是遭遇不幸或者严重晒伤都会让人瞬间变得苍老的原因。

自由基是不可避免的，因为它是人体能量产生过程的副产物。自由基是缺少成对电子的分子，性质非常不稳定，它会不断“掠夺”其他细胞中的电子进行配对。其后果是细胞受损乃至最终衰亡，从而导致衰老。

当然，这还会对肌肤造成氧化影响。氧化是一个不可避免又稀松平常的自然过程。它会让苹果变成褐色，让汽车生锈，让油脂腐败变质，还会让肌肤过早衰老。事实上，氧化反应是造成肌肤暗沉无光的罪魁祸首，八成的皱纹产生也与它有关，因为它会影响肌肤中胶原蛋白和弹性蛋白的含量，而胶原蛋白和弹性蛋白是保持肌肤年轻丰盈的关键。

幸运的是，最近的一项研究发现了减缓自然氧化的方式。事实上，正是我曾在本书前言中提及的研究——某些食物，例如葡萄和其他红色、紫色和蓝色食物（李子和蓝莓）中含有一种具有延缓衰老功效的物质，那就是多酚，这项研究同时也是我和贝特朗创办欧缇丽的灵感来源。第五章将介绍这项开创性研究如何帮助你逆转时光，重返年轻。

来自体外的衰老因素

摄入的任何有害物质都会在我们的身体中产生自由基，例如废气和烟草，油炸、烧烤、加工和垃圾食品，家具抛光剂和油漆，以及石油化工产品。

值得欣慰的是，生活里有很多可以实现的抵御氧化损伤的方法，例如日常的全面防晒，避免抽烟或过度饮酒，以及食用营养丰富的新鲜食物等。

另外，利用各种抗氧化成分，包括天然抗氧化成分和人造抗氧化成分，能够防止或减缓细胞受到自由基的伤害，同时提升细胞的天然防御能力。

对抗自由基的肌肤保卫战，越早吹响号角，越容易取得胜利，最好从30岁之前就开始，而30岁时效果便会开始真正显现，而且随着时间的流逝，你会看到衰老的速度放缓。（警告：吸烟者在服用抗氧化剂时需听从医嘱，因为过量使用可能导致相反的结果，尤其是烟瘾大的人。）

激素与肌肤老化

随着年龄的增长，女性的激素水平不可避免地开始下降。平均绝经期通常出现在 50 岁前后的几年之中，当女性激素下降到有一年没有来月经时，这就表明她已进入更年期。

一些女性能够轻松度过绝经期，而另一些人可能会伴随着潮热、盗汗、抑郁症、精神迷惘、注意力不够集中、情绪波动、体重增加、焦虑和失眠，肌肤也会明显受到影响，因为此时的肌肤变得更干、更薄。随着雌性激素的下降，雄性激素会占据主导。原本较浓密的毛发变得稀疏，而且会在最不希望出现的地方长出，通常是在下巴或嘴唇周围。

出现影响生活质量和健康症状的女性应咨询妇科医生来服用激素取代剂（HRT），HRT 通常由雌性激素和孕激素组合而成，过去可随便使用，但因为不良副作用引起大量争议。因为针对多年服用 HRT 的女性进行的一项长期研究表明，补充的雌性激素无疑会提高肌肤的水分含量和活力，并且具有其他的健康益处，但患心脏病、中风、血栓和乳腺癌的风险可能会加大。

延缓衰老的第一秘诀

防止晒伤

与 20 世纪美容界其他的重大潮流和趋势一样，大众对日光浴的热衷也应该归功或归罪于可可 · 香奈儿。她摒弃了数百年来女性用来保护肌肤的遮阳伞、手套和遮阳帽，尽情沐浴在普罗旺斯的炽热阳光中。从香奈儿时代开始，再加上在加州明媚阳光下泛着健康光泽的女明星大行其道，突然间晒黑变成了一种风潮。小麦色的肌肤不再是户外工作的标志，在现代审美下它被赋予了“健康”的含义，被认为非常有吸引力。

我的父母辈十分热衷于日光浴，在日光浴油出现之前，他们有自己的独门防晒绝技。譬如，我的母亲和她的朋友会到山里面的农场去，要一些农场涂在牛乳房上方便挤奶的油脂。这是日光浴油的原始前身，可它们的气味没有日光浴油那么甜美。

与香奈儿一样，我也喜欢沐浴在普罗旺斯的暖阳之下。但是，我也知道它会严重损害我的肌肤。

事实上并不存在“健康的”晒黑，由于紫外线辐射引起的任何肤色改变都意味着你的胶原蛋白和弹性蛋白已受到日光的强烈伤害，并且细胞核 DNA 也受到了损害。在儿童或者青少年时期晒黑，你的晒痕最终会消失，对不对？当你去参加夏令营时在鼻头上留下的一点点可爱的雀斑，到了秋天也会自然消退。但是当到了一定年龄，你会发现晒痕和雀斑都不再消退。你甚至会发现跟雀斑相反的白斑，以及被称为老年斑的色素异常，或者其他的深色斑点、干燥、粗糙、癌前病变、皱纹、细纹、深沟痕、青筋、增生乃至皮肤癌，所有这些都属于日照伤害，确切地说，都属于光老化。

日光照射造成的伤害会日积月累。即使你还没有看到这些损伤，甚至没有涂上厚厚的防晒油在炎热的天气下沐浴阳光，你也不可能免受紫外线辐射产生的破坏性后果，这正是在夏威夷海滩度假晒日光浴后，可能会出现感冒（或唇疱疹）的原因，因为在真皮层内发生的一切是我们看不到的：

☒ 阳光会损害产生色素的黑色素细胞，它是致使你的肌肤产生色素沉淀斑点的原因。

☒ 血管壁会变薄，因而让你容易出现瘀伤。

☒ 自由基形成，它会损伤肌肤的胶原蛋白和弹性蛋白结构，令肌肤失去弹性。

☒ 日光照射还会妨碍朗格罕氏细胞的正常运作，使其无法维持抵抗感染的免疫功能。过度暴露于紫外线辐射会抑制身体免疫系统的正常运行，并降低肌肤的自然防御功能。

紫外线辐射

日光照射对人体会造成严重损害，是因为紫外线（UV）辐射的存在。紫外线根据波长分为三类（单位：纳米）：UVA，即 Ultra Violet A——紫外线 A，为长波紫外线，波长为 320~400 纳米；UVB，即 Ultraviolet Radiation B——户外紫外线，波长为 290~320 纳米；UVC 波长则为 200~290 纳米。数字越小，代表波长越短，光的能级就越大。UVC 辐射会致命，但是幸运的是，它会被大气层吸收，永远不会到达地面。

我多么希望 UVB 和 UVA 射线也能被大气层吸收掉。可是它们始终存在，即使在多云的阴天，我们的皮肤也有可能被严重晒伤。

UVA——A 代表老化

UVA 能够以极高的效率穿透至肌肤最深层，对 DNA、胶原蛋白和弹性蛋白造成伤害，同时刺激产生色素的黑色素细胞，造成色素沉着和肤色不均匀。它会导致皮肤癌，尤其是黑色素瘤。UVA 的最大问题是它很难被隔绝，其分布量远高于 UVB，甚至连玻璃都无法隔绝它。

UVB——B 代表烧伤

UVB 射线会“灼烧”肌肤的表面，在每天 10~16 时是最强的，在夏季和赤道附近会特别强烈，不仅会破坏细胞核 DNA，而且还释放自由基。暴露于 UVB 中过久会造成肌肤细胞异常，进而诱发癌前病变和皮肤癌。不过幸运的是，UVB 可以被玻璃阻挡。

注意：当你去配药时，你应当询问医生此类药物是否会导致你对紫外线照射敏感。如果是，你的皮肤可能会长皮疹、受到刺激而且会增加晒伤的风险。抗真菌药、抗组胺药、抗菌药物、消毒剂、煤焦油、避孕药、染料、非甾体类抗炎药（NSAID）、香水和精华油、磺胺类药、四环素和三环类抗抑郁药等都可能在风险名单上。

在接受日晒时注意采取防护措施，不仅仅是在海滩度假的时候，在自己家后院晒太阳时也要注意。即便你只是出门取车，然后开到办公室，仍然需要做好防晒工作。应当养成每天出门之前涂防晒霜或披上防晒服的习惯。另外，切勿忘记颈部、手部、腿部或其他任何暴露在外的部位。你可能不会在一两天内看到任何明显的差异，但是日积月累之下的区别就会很明显。

致命的皮肤癌

据美国疾病控制与预防中心（CDC）的报告显示，自1973年起，美国因黑色素瘤导致的死亡率每年上升约4%，增长速度远高于其他任何癌症。更令人担忧的是，皮肤癌是美国最常见的癌症类型，有两成的美国人会在有生之年患皮肤癌，其中约65%的黑色素瘤，以及90%的基底细胞癌和鳞状细胞癌都是由紫外线照射所引发的。好消息是，这也是最容易防御的。

皮肤癌分为三类

☒ 基底细胞癌最为常见，通常以微小的肉疙瘩或结节形式出现在头部和颈部。它们生长非常缓慢而且基本不会扩散，但倘若不采取任何治疗措施，可能会侵袭骨骼。

☒ 鳞状细胞癌呈结节或红色鳞状斑块，肿瘤可能会长得很大，并扩散至身体的不同部位。

☒ 黑色素瘤是最致命的皮肤癌，因为它容易转移、扩散至全身各个部位。它会出现在任何部位，甚至出现在平常很少受到阳光照射的位置。甚至有的人即使一直极少暴露于阳光下也会罹患黑色素瘤，就如同不抽烟的人也有可能患肺癌一样。

逐渐流行的“美黑机”尤其危险，因为“美黑机”的射线几乎完全由UVA组成。更糟糕的是，有时候可能因为没有调节好，造成过量的UVA辐射。当然，它们不会造成晒伤（只有UVB才会），但足以损伤真皮及更深层的细胞。

华道夫博士的优雅秘诀

我向我的朋友，纽约知名皮肤科医生海蒂·华道夫博士征求了一些延缓衰老的好建议：

“女性经常会错误地认为，既然如今有那么多驻颜有方的无创手术，能够简单快速地消除任何肌肤损伤，而且相对也比较经济实惠，还有什么必要花费工夫防晒或者进行肌肤护理呢？没错，激光、填充针和磨皮焕肤确实非常神奇，如果损伤过重，可能通过手术来治疗，但有时根本就无法治愈。

“女性最好是在年轻时就开始注意采取合适的护肤保养之道，外出时一定记得涂抹防晒霜，然后在需要的时候逐渐采用效力更强的产品，而不是坐等衰老。这样，通过有效护颜，不用更复杂的外科手术即可让肌肤焕发光彩，永葆青春。”

喔，美好的日光

法国人对于日光的态度与美国人有所差异，我们认为小麦色的肌肤更显性感、健康和苗条，但并不希望肌肤被阳光灼伤。因此，我们会在脸部涂抹 SPF50 的防晒产品，在身体部位涂上 SPF30 的防晒产品，我们会因为滥用古铜色化妆品或晒黑乳液而深感内疚，这正是欧缇丽打造“Divine Legs”系列的原因，它是一款专用于腿部的温和型古铜色化妆品，看起来也不会太明显，但是不论你本身肤色如何，它都能让你拥有柔和肤色。你也想马上改变你的肤色吗？先不用急！

告诫年轻的女性少晒太阳可能会吃力不讨好，除了周末去公园晒太阳时需要涂防晒霜，要教会她们日常使用防晒霜也并非易事。令人欣慰的是，法国的药房在这一点上做得要比美国同行出色，至少他们已经开始为不同季节更换所需的防晒用品了。药剂师会向顾客提供宣传手册和宣传品，鼓励她们尝试各种新的防晒霜。这不仅是一种聪明的商业行为，而且也是一种明智的城市健康保养方式。

懒姑娘们，戴上帽子吧

防晒霜的目的在于防止有害的 UVA 和 UVB 射线渗透肌肤。当一款防晒霜标有“广谱防晒”时，它的活性成分能够阻隔大部分的 UVB 和 UVA，防止它们渗透肌肤，就跟大气分子吸收 UVC 并阻止它到达地面的原理是一样的。

防晒剂有两种类型：吸收紫外线的化学性遮光剂和将紫外线反射回大气中的物理性遮光剂。

常见的UVA化学性遮光剂包括美拉地酯、阿伏苯宗（Parsol 1789）和麦素宁，而最常见的UVA物理性遮光剂为氧化锌。

常见的可以同时阻隔UVB和UVA的化学性遮光剂包括恩索利唑、奥西诺酯、胡莫柳酯、奥替柳酯、奥克立林、氧苯酮、二甲氨苯酸辛酯、二氧化钛和天来施。

防晒指数（SPF）可以仅指UVB射线的防护时间，用于粗略估计你可以暴露于阳光下多久而不会被晒伤。举例而言，在炎热的夏日里10分钟内就会被晒伤，那么在SPF15的防晒剂的保护下，可以将这个时间延长15倍。也就是150分钟或者2.5小时后才会被晒伤。运动或户外活动应该使用SPF超过30的防晒霜，白天大多数人可以使用SPF为15~25的防晒霜。

但是，谨记一点，SPF是在实验室条件下测量的。受试者涂抹规定用量的防晒霜，在试验过程中不会四处走动、运动流汗，或者擦拭面部。实际使用中，我们一般无法获得与预期完全一致的保护效果，因为防晒霜会有一定损失。要获得适当的保护效果，应提前30分钟涂上防晒霜，光面部就应该涂上约一茶匙的防晒霜。这个量就足够了。如果你计划去海滩，则要在身体的其他部位涂抹至少30克的防晒霜，在户外每两个小时还应重新涂抹一次。如果只是日常外出，而且不会过多接触日光照射，则不需要那么多的量，当然，如果是游泳或者大量出汗，还是有必要涂这么多的。

记住，如果你喜欢使用具有防晒功效的粉底，它实际上起到的保护作用很小，哪怕你涂抹SPF15的粉底配上SPF15的防晒霜，也不会带来SPF30的防晒效果。先涂防晒霜，让肌肤彻底吸收，然后再涂上粉底，而任何夜间使用的护肤产品都不应含有防晒成分。

使用防晒霜的最大误区之一，就是只涂面部而忽略了身体其他部位，尤其是颈部和前胸。当然没有人希望自己面部光滑且年轻，颈部和手部却干瘪且布满皱纹和斑点。更重要的是，你不希望增加罹患致命性黑色素瘤的风险。在法国的药房，防晒霜广告和宣传资料几乎总是针对身体的所有部位。而在美国，不是针对面部的产品可能会销量不佳，因此产品宣传也不会强调身体的其他部位。

在欧洲，防晒霜规定有所不同，标有 SPF 的防晒霜必须同样具有 UVA 防护功能，至少为 SPF 的 1/3。如果你真的不喜欢使用防晒霜，或者觉得自己缺乏足够的自律去经常涂抹防晒霜，你可以学学法国人，给自己戴一顶时髦的宽边太阳帽。帽子越别致，你可能越喜欢戴，让它成为你的一种标志性打扮吧。

仿晒黑乳液

仿晒黑乳液效果甚佳。它含有 FDA（食品药品监督管理局）批准的着色剂，这是一种称为 DHA（二羟基丙酮）的糖分，而且它只会给肌肤表面的死皮细胞着色，这正是当肌肤表面的细胞更新换代后颜色会消退的原因。仿晒黑乳液的效果通常会持续几天，最长可持续一周。DHA 是一种安全的外用微粒，但是要防止在喷洒时吸入体内。记住，如果配方中没有特别添加防晒成分，仿晒黑乳液通常不具有防紫外线功能。

在涂抹任何含 DHA 的产品前，最好先进行去角质护理，然后为肌肤充分补水。如果你的肌肤属于干性肌肤或者带有不均匀的色斑或粗糙部位，可能会造成肤色驳杂或出现斑纹。与任何一款护肤产品一样，不要过度涂抹。先轻涂，然后逐渐上色。

*** 法式风情的秘诀 ***

保持像牛奶一样的白皙肤色是一件极其困难的事情，因为在这样的肤色下每一个斑点和疤痕都会非常显眼。当我想让肌肤略带红润时，一种有效的方式是在日用保湿霜中加入豆粒般大小量的仿晒黑乳液。根据你需要的量使用，因为它取决于你原本的肤色以及你希望看起来的麦色程度。如果你的肤色原本就是小麦色，很少的仿晒黑乳液或者欧缇丽的“Divine Legs”系列便能为你带来美不可言的好气色。

像爱上牙医一样，爱上皮肤科医生

美国人会坚持一年看两次牙医，进行洁牙和检查，法国人可能不会这么死板，但定期看牙医、保持牙齿健康是不可或缺的一部分。然而，有多少人会定期到皮肤科医生处进行检查呢？

皮肤科医生是评估肌肤风险等级的专家，尤其是当肌肤上出现斑点时。不要等肌肤出现问题再去找皮肤科医生，应该向他们了解如何正确清洗、去角质和保湿，避免洗去肌肤上的必要油脂，延缓容颜衰老。

根据华道夫博士的建议，出现以下任何一种状况时，你应当向皮肤科医生咨询：

☑ 无论任何年龄，健康体检都是基础。鉴于皮肤癌的普遍性，人人都可能有此风险。一些女性会去美容护理中心去除黑痣，但是这可能存在风险，因为这些场所的工作人员通常不具备医疗资格，无法分辨皮肤癌与良性痣之间的区别，自己在家中使用器械同样存在此类风险。对于肌肤这方面，最好还是相信专业人士。

☑ 如果你有无法治愈的黑痣、斑点或疤痕，或者它们的形状或颜色发生改变，抑或是突然间出现黑痣或斑点，而且没有自然消失，应该去看皮肤科医生。

☑ 如果你突然间出现某种皮肤症状，例如粉刺、牛皮癣、湿疹、疼痛刺激或皮疹，应该去就医诊治。

☑ 如果你的肌肤质地发生大面积变化，这可能是因为激素水平波动引起的。

☑ 如果你开始大量脱发或者面部长出毛发，这也可能是激素变化造成的。

☑ 如果希望得到有关进一步强化肌肤护理的建议，尤其是治疗日光晒伤的建议，可向医生咨询。

日光照射与维生素 D

人体需要维生素 D 来帮助吸收钙质，但含有维生素 D 的食物极少，只有多脂鱼、鱼油、牛肝、奶酪、豆腐、蘑菇和蛋类中含有少量成分，许多人没有意识到自身的维生素 D 不足。因此在典型的美国饮食中，通常会在很多食品中添加维生素 D，例如牛奶和早餐谷物。此外身体只有在日光照射后才会产生维生素 D，这正是难以将维生素 D 的含量维持在适当水平的原因所在。而在冬季，对于那些生活在北方和很少在户外活动的人来说，维持适当水平的维生素 D 真的是难题了。

你需要维生素 D 来保障钙的吸收和骨骼健壮，而维生素 D 水平过低会造成免疫问题、心脏病、认知障碍等其他问题。咨询你的医生，一次血检便能准确地了解维生素 D 的含量，了解哪些维生素补剂适合你，以及所需补充的量。将维生素 D_3 与维生素 D_2 进行比较，看看哪种更易于被你的身体吸收，如果在补充时辅以维生素 K，效果会更好。而人体产生维生素 D 所需的日光量实际上是少之又少的，记得防晒！

第五章

你值得最好的回报——护肤成分解读

你是否想知道护肤品背面标签上那些冗长难念的化学名词在讲什么？它们看起来那么晦涩难懂，甚至有些可怕！虽然这些可怕的词实际只是糖分或维生素，但确实有一些成分不适合你的肤质，会导致刺激过敏、痘痘爆发等肌肤问题。切忌盲目消费！你知道，商家为了营销会使出浑身解数去大肆宣传，并用精美的包装吸引眼球。亲爱的，如果你喜欢一款产品并且认为它有效，你更需要耐心看完，切实了解哪些成分效果最好。获得最佳护肤效果而不花冤枉钱，你值得最好的回报。

成分标签知多少

在护肤品包装盒的背面有两种成分列表：第一种是通用成分列表，按照浓度由高到低排列。首个成分通常都是水或鲸蜡醇（润滑剂和增稠剂）。而浓度在 1% 以下的成分，护肤品公司会按任意顺序排列。

第二种是经 FDA 认证的活性成分列表，FDA 要求护肤品公司将其单独列在一个“药品信息表”内，该表将显示成分的名称、浓度及用途。

活性成分在通用成分表上排名越靠前，就表示产品中的活性成分浓度越高。但是有时要让成分实现完美配比，并不需要添加过多。例如，欧缇丽众多产品中都添加了我们持有专利的稳定白藜芦醇，其含量恰好能够发挥它的最佳功效。即使再提高浓度水平，它的效力也不会有明显提升。听到这里你会发现，面对那些宣扬含有价值不菲活性成分的护肤品，判断其是否物有所值并不是件难事。

最坏的护肤成分

在介绍最好的护肤成分之前，先缩小选择范围，剔除最坏的成分。遗憾的是，因为成本低廉，坏成分在护肤品中十分常见，而且貌似效果很显著。一个简单的判断方法就是：该成分是植物源成分，还是合成成分。护肤品公司考虑成本因素经常选择合成成分，但通常植物源成分成本更高也更加有效。

杏核

角质膏和磨砂膏大多含有杏核颗粒，但是由于杏核颗粒较大且粗糙，会导致慢性刺激，而且它还会带走肌肤急需的水分，令肌肤变得敏感。使用含有杏核颗粒的磨砂膏，会导致肌肤干燥长痘，再使用号称可以镇静消炎的更强效的磨砂膏会令肌肤受损，然后形成一种恶性循环。即使你的肌肤出油严重，也要尽可能使用温和的角质膏。

过氧化苯甲酰

过氧化苯甲酰在欧洲是需要持有医生处方才可购买的，该成分可用于漂白织物。由于它刺激性极强，只有指甲油（含过氧化苯甲酰）可以在柜台直接购买。然而在美国，过氧化苯甲酰却在治疗痤疮的产品中极为常见，因为它可以杀死痤疮丙酸杆菌并使肌肤变干。它有助于治疗你的痤疮，而且不会刺激肌肤，但使用浓度不宜超过 2.5%。在决定开始使用之前，务必先咨询皮肤科医生，务必按摩至肌肤吸收，并让其完全干燥。

对苯二酚

对苯二酚是漂白剂或美白剂，美国大部分非处方美白和亮白产品经常使用这种成分，但是欧洲和亚洲禁止使用。为什么美国仍在使用？答案是它极为有效。然而一旦使用不当，它会不知不觉过度漂白肌肤，使肌肤出现杂斑和肤色不均现象，这种损伤难以补救。还有很多消费者收到使用效果后，以为加大剂量会更快见效，结果对肌肤造成无法挽救的损伤。此外，大量使用对苯二酚会致癌！如果你想要使用这种成分，只能在皮肤科医生监督下使用，并从最小剂量开始。

矿物油和矿脂（凡士林）

矿物油源自石油化工产品，通常位列成分表第二位。这是一种极其廉

价的保湿成分，所以很多护肤品中皆含有此成分。任何矿物油产品都会堵塞毛孔，并都可能致痘，如果市面上有众多更加有效、不易致痘的植物油可供选择，那就没有理由使用矿物油。

邻苯二甲酸盐

邻苯二甲酸盐是一种极为可怕的化合物，至今仍然用在化妆品配方当中。它可以通过肌肤或呼吸系统被人体吸收，并已被研究证实会对肝、肾、肺等内脏器官以及女性生殖系统造成损害，导致不孕。因为它具有“附着”作用，可以让产品在肌肤或头发上保持更长时间，所以某些指甲油、头发定型剂、发胶、除臭剂和香水中均含邻苯二甲酸盐。产品包装也含有这种成分，用于增加塑料的弹性和柔软度。

防腐剂：甲醛和对羟基苯甲酸酯

甲醛

甲醛是一种强力化学品，主要用于建材和家具生产。部分唇膏、除臭剂和指甲油中也含有甲醛。众所周知，甲醛是一种致癌物质，也会导致严重急性症状，所以非常危险。当有其他健康替代品时，任何护肤品都没有理由含有甲醛。有些防腐剂（例如，尿素醛）也会释放甲醛，所以应该避免使用。

对羟基苯甲酸酯

数十年，对羟基苯甲酸酯作为防腐剂应用于各类产品。这种成分之所以如此普遍，是因为其有效、价格低廉、便于使用。它可以消灭在瓶子中出现的污染物，可以保证较长的保质期。但是有些对羟基苯甲酸酯会扰乱人体内分泌系统，从而影响激素功能，甚至在乳腺肿瘤中也发现存在对羟基苯甲酸酯。因此，我在配方当中不会使用任何种类的对羟基苯甲酸酯。

欧洲禁用五种对羟基苯甲酸酯，分别是：对羟基苯甲酸异丙酯、对羟基苯甲酸异丁酯、对羟基苯甲酸异苯酯、对羟基苯甲酸苄酯、对羟基苯甲酸正戊酯。使用有效的食品级防腐剂替代这些成分并不容易，但这是欧缇丽及许多非美国的化妆品公司采用的方法。此外，为了保存化妆品并使其免受污染，最好采用管状化妆品包装，而非罐状包装。

十二烷基醚硫酸钠

如果你想清洗爱车布满污垢的车轮，可选择主要含硫酸盐的洗涤剂，它可以产生丰富泡沫帮助你快速清洗。但是，你一定不希望在自己的头发或肌肤上使用这么强力的清洁剂。洗头发时并不需要大量泡沫，所以避免使用含有十二烷基醚硫酸钠或十二烷基硫酸钠的产品。

动物成分

你不会想在脸上涂抹从动物尸体中提取的成分，对吧？

最好的护肤成分

前面你已经知道应该避免使用的成分，下面将介绍三类最好的护肤成分：天然油和精油、天然植物提取成分和合成成分，以及我最喜欢的多酚。

天然油脂非常适合护肤

油性肌肤或易生痘的肌肤绝对不能接触油?

事实恰好相反，这是个大误区!

如果你选择适合肌肤的油性产品，并为肌肤适当补水，那么皮脂腺就会逐渐减少油脂分泌。因此，法国女性喜欢使用油性产品洁面、保湿和护理肌肤，你何不试试?

“油”可谓是护肤产品中的点睛之笔，非常易于寻获，效果甚佳且价格低廉，并使用安全。

在你选择有效的油性洗面奶、保湿霜或精华液时，务必清楚有两种油是可选的：一种是天然植物油，作为护肤品的基础成分，具有治疗效果；另一种是精油，即从植物（香草、花、树、根茎等）中蒸馏所得的精华，不仅具有治疗效果，而且浓度极高，所以应稍加使用。在很多非处方产品或者含有诸如葡萄籽、牛油果、杏、琉璃苣、月见草、甜扁桃或荷荷巴油等成分的自制产品中均可寻得“油”的身影。

1. 你了解植物油吗

通过压榨种子，或浸渍种子和根茎，可以从植物中提取植物油。不同的植物油具有不同的功效，最好的植物油不易致痘，反而更易被肌肤吸收，并富含人体必需脂肪酸，可以为肌肤充分提供滋养。绝大多数植物油均无味。

葡萄籽油

葡萄籽油是我的最爱，是葡萄树上的无价之宝，是从葡萄籽中提取并精炼而成的。在欧缇丽，110 磅葡萄籽只能提炼出一升葡萄籽油。那可是很多葡萄呀!

葡萄籽油并不油腻，干爽的触感适合所有肌肤类型，而且其含有大量

亚油酸（ω-6，这是一种人体必需的脂肪酸，详见第二章）和维生素E。因此，葡萄籽油具有强大的抗氧化功能，即使是最干燥的肌肤，通过葡萄籽油也能焕发活力：深层滋养并重组肌肤结构。

用于：润肤霜、洗面奶、发油、面部精油、磨砂膏、面膜、保湿霜。

特级初榨有机摩洛哥坚果油

你可能知道摩洛哥坚果油对头发特别好，其实它对肌肤也非常有效。阿甘树生长在摩洛哥南部，树上结出的硬壳果实中的果仁经冷压榨后，可从中提取出油。摩洛哥坚果油含有极为丰富的不饱和脂肪酸和亚油酸，可使肌肤保持水润。

用于：身体护理油、发油、面部护理油、身体磨砂膏。

杏仁油

杏仁油提取自杏仁，使用在肌肤上，几乎没有油腻之感。它对于干性肌肤具有特别的舒缓作用。

用于：润肤霜、保湿霜。

牛油果油

与所有植物油一样，牛油果油含有丰富的不饱和脂肪酸，特别含油酸，可迅速渗透肌肤，带来有效滋养。

用于：润肤霜、护手霜、发油、面膜、保湿霜、眼霜。

琉璃苣油

琉璃苣油含有丰富的γ-亚油酸（ω-6），具有舒缓和嫩滑肌肤的

功效，非常适合敏感性肌肤。

用于：润肤霜、保湿霜。

芫荽油

芫荽原产于欧洲南部，芫荽油由饱满的芫荽籽提取并精炼而成。因其含有独特的伞形花子油酸（ω-12），于是成为保湿霜的理想成分，适用于干性肌肤和受损肌肤。同时，它还富含能够渗透肌肤细胞内部的活性成分。

用于：抗衰老产品、面部护理油。

木槿油

木槿花有“永恒之花”的称号。木槿籽经过冷压，可从中提取出木槿油，木槿油含有大量不饱和脂肪酸，具有与摩洛哥坚果油相同的防护和补水效果。

用于：身体护理油、发油、面部护理油、身体磨砂膏、眼霜。

荷荷巴油

荷荷巴亦称“沙漠黄金”，是一种生长在亚利桑那和墨西哥沙漠地区的灌木。荷荷巴油与肌肤具有生物相容性，将其用于护肤已经有一百多年的历史。另外，它还具有舒缓、软化和促进再生功能，在保湿的同时不会在肌肤上留下任何油性残留物，非常适合易生痤疮的肌肤。

用于：均衡保湿产品、面部护理油。

麝香玫瑰油

麝香玫瑰含有充足的脂肪酸，可促进肌肤细胞再生，同时活化年轻细胞，还有预防皱纹形成的功效。

用于：保湿霜、面部护理油。

仙人掌油

仙人掌是一种多刺植物，原产于墨西哥。仙人掌油通过仙人掌冷压榨取，富含亚油酸，同时具有提亮肌肤、抵挡 UVA 紫外线的功效。

用于：抗衰老产品、抗氧化剂、面部美白护理油。

檀香籽油

檀香木生长在印度、尼泊尔、澳大利亚和夏威夷一带，自其果仁中提取的檀香籽油富含油酸（ω-9 脂肪酸），有立即抚平皱纹之功效，同时含有西门木炔酸（ω-7 脂肪酸），可用于治疗湿疹。

用于：抗衰老产品、面部护理油。

芝麻油

芝麻油由芝麻压榨而成，富含单不饱和脂肪酸和多不饱和脂肪酸。芝麻油具有滋养功效，不油腻，特别适合干性肌肤，可有效对抗肌肤脱屑，保护肌肤免受外界侵扰。

用于：身体护理油、发油、面部护理油、身体磨砂膏。

甜杏仁油

甜杏仁油以深层渗透细胞而闻名，可使暗淡、疲惫的肌肤焕发光彩。

用于：保湿霜、面部护理油。

无油产品不再是神话，并非万能，特别是针对痤疮

既然你已经知道“油”是一种有效的护肤成分，即使你是油性肌肤或有痤疮，也不必再像过去一样对它敬而远之。如果出于某种原因，你就是因为不喜欢油的质感而忧心忡忡，那么在此提醒你：FDA 没有规定哪一种产品不得含油，所以很难知道一种油可能会被什么成分取代。这里有一个折中的办法，特别是当你担心长痘时，请尝试使用含有抗菌精油的产品，例如芳香薄荷、猫薄荷、薰衣草、柠檬、柠檬草、蜜蜂花、迷迭香、鼠尾草或茶树精油，但这些都属于高度浓缩精油，每次只需少量使用。

2. 好到令人难以置信的精油

前文已经介绍过，精油是从不同的药草或花朵中蒸馏、提纯而来的，含有植物的挥发性香气。精油通常提取自籽、树皮、树干、树根、树叶、花或果实。因其具有植物的芬芳，且含具有治疗功效的“精华”，并在提取过程中高度浓缩，因此被称为“精油”。精油的成分十分复杂，有时蕴含一百多种不同的分子，所以精油香气馥郁，功效强大。

也正是因此，精油绝不能直接用到肌肤或头皮上，而应该与一种无味植物油或者是乳霜混合之后再使用。精油不溶于酒精或水，调制好适合自己的混合精油，记得贴好标签，并将其存放在带滴管的黑色玻璃瓶内，每次只需几滴即可。

你已经知道香味对我而言有多重要，只要我使用精油，我就会沉浸其中，无法自拔。在你了解这些成分后，你也可以像我一样调配出属于自己的迷人精油。实际上，当我的肌肤饱受压力或者变得干燥时，特别是频繁出差时，飞机上的空气会对肌肤造成损害，我会使用自己调配的精油，睡前先涂抹精油再使用保湿霜，然后让它在我入眠之后发挥神奇的作用。这会为我提供超级滋润的夜间护理。有时我会在护理面膜中添加 20 滴精油来加强效果，有时候在有色隔离霜或粉底中混入几滴自己调制的精油，会令肌肤焕发光彩，持久润泽。

下面是我最喜欢的精油：

胡萝卜精油

胡萝卜精油可净化肌肤，排除毒素、有机残留物和污染物质，它还有促进肌肤细胞再生的作用。

用于：排毒油、平衡油。

薰衣草精油

薰衣草精油常用来镇静、舒缓、放松肌肤，具有消炎和疗愈功效。它的香气具有平复心情、提神的作用，而且味道十分好闻！

用于：排毒油、平衡油。

柠檬草精油或柠檬香蜂草精油

这两种精油最适合消除水肿、疏通经络和消脂瘦身。

用于：平衡油、纤体油。

橙花油

橙花油是许多上好香水的常见成分，提取自橙花，具有舒缓、恢复肌肤平衡的好处，并且有助于促进有规律的睡眠。因此，当你感到疲惫时，橙花油会令你的身体和肌肤焕然新生，甚至敏感性肌肤也可以使用，它还具有促进肌肤细胞再生的效果，可以帮助提亮肤色，并具有极佳的舒缓效果。

用于：排毒油。

玫瑰草精油

玫瑰草生长于印度和越南，属于柠檬草科，常用于印度传统医学，亦称为“印度香叶油”。它可刺激肌肤再生，同时具有补水保湿和疗愈等功效。

用于：保湿油。

胡椒薄荷精油（辣薄荷精油）

胡椒薄荷与其他类型的薄荷不同，它的叶片更加短壮，有一股辛辣的胡椒味。它的精油不仅可提神醒脑，还有提亮肤色、唤醒肌肤的功效。

用于：紧致油。

橙叶油

橙叶油萃取自苦橙植物的叶子和树枝。它具有镇静肌肤、平衡消炎之功效，使你的肌肤焕然新生，特别适合饱受压力的肌肤。

用于：排毒油。

玫瑰精油

玫瑰精油从玫瑰花瓣蒸馏而成，4 吨玫瑰花瓣只能萃取 1000 克（约 2.2 磅）精油。它具有舒缓肌肤之功效，即使是敏感性和极敏感性肌肤也可使用，因此对于肌肤发红和红斑痤疮具有极佳的治疗效果。

用于：保湿油。

迷迭香

迷迭香是一种香气四溢的野生灌木，生长在地中海地区。它富含精油、类黄酮和酚酸，具有防腐、抗菌、消炎之功效。它还具有肌肤再生和抗氧化功效，并作为其他成分的稳定剂使用。

用于：净颜油、乳液。

白檀精油

白檀精油具有净化肌肤的功效，它可以舒缓神经紧张，令人放松。它还可以消除污垢、刺激和炎症，并能活血化瘀。

用于：敏感性肌肤精油。

3. 最安全的天然成分与合成成分

除上述精油外，我接下来推荐的成分经过临床试验证明，都是出类拔萃、最安全的成分。有些是天然成分，有些是在实验室中创造的生物技术合成成分，例如神经酰胺、透明质酸和肽（例如，五胜肽）。

狭叶番泻

番泻是一种生长在印度的富含多糖的植物，具有强大的吸湿功效，可吸收水分，使用后具有显著的保湿效果，使肌肤柔软滋润。

用于：抗衰老产品、保湿霜。

甘菊

甘菊具有舒缓、消炎的功效，几个世纪以来一直用于传统医学。

用于：敏感性肌肤保湿霜。

神经酰胺

神经酰胺是可以锁住水分的脂类，它可以作为肌肤的一层保湿屏障。

用于：抗衰老产品。

蕨

蕨属于多叶绿植，含糖，其提取物可在肌肤表面形成一张滤网，具有即时提拉之功效。

用于：抗衰老产品、紧致产品。

亚麻

亚麻种植具有悠久的历史，正因为它具有耐用而柔软的纤维和油籽，古埃及人不仅将亚麻纺成布，而且还将其用于珍贵的古本手卷。亚麻籽中的木质素可以有效调节皮脂或油脂分泌，有助于减少肌肤出油，改善肌肤质地，紧致毛孔。

用于：油性肌肤和易生痤疮肌肤保湿霜。

乙醇酸

乙醇酸属于果酸（AHA），是去角质护肤品中最常见的一种成分。它通过清除表皮最外层的死皮，展现更加年轻、柔滑的肌肤。

用于：美白产品、油性肌肤和易生痤疮肌肤保湿霜、毛孔紧致产品。

透明质酸

透明质酸是另一种非常常见的护肤成分，也是肌肤中天然含有的成分。透明质酸分为两类：高分子透明质酸和低分子透明质酸。高分子透明质酸具有立即舒缓肌肤表面的效果，而低分子透明质酸可以渗透肌肤，具有抗衰老的生物活性。局部使用时，它将发挥强大的保湿功效，可减少细纹和皱纹。

用于：保湿霜（高分子透明质酸）、抗衰老产品（低分子透明质酸）。

白茅

白茅是一种草本植物，可在沙漠或盐碱性环境中生存，无论外部环境多么恶劣，它都能保存水分。用于肌肤上时，它是非常强大的纯天然保湿霜。

用于：保湿霜。

杧果脂

杧果脂萃取自杧果核，与乳木果油极为相似，具有润肤、舒缓功效。

用于：保湿霜。

橄榄鲨烯

鲨烯是健康皮脂的重要成分，它可以保持肌肤水分，同时不会堵塞肌肤毛孔。过去这种成分是从鲨鱼身上提取的，不过幸运的是，现在在橄榄油中也发现了它的存在！经过加工后，鲨烯触感干爽、不油腻。

用于：保湿霜。

有机葡萄水

这是欧缇丽在葡萄中发现的富含红酒酵母的植物水。它的矿化度高，富含维生素，糖含量充分，可为肌肤保湿，有助于细胞再生。

用于：敏感性肌肤产品、保湿霜。

粉团扇藻提取物

粉团扇藻提取物是一种高级抗衰老物质，从生长在地中海温水海域中的褐藻类海藻——粉团扇藻中提取精炼制成。粉团扇藻提取物在荷荷巴油中稳定后，可以增强肌肤锁水能力，令肌肤更加紧致，增强肌肤弹性。

用于：抗衰老产品、紧致产品。

木瓜酵素（木瓜蛋白酶）

木瓜不仅是一种极有营养的水果，木瓜酵素也是一种温和、无刺激的天然去死皮成分，能促进肌肤代谢。使用之后，几乎可以立即带来亮白效果，而且可以改善肌肤质地，修复真皮层。

用于：提亮及美白产品、油性及易生痤疮肌肤保湿霜、毛孔紧致产品。

肽和四肽

肽类是由实验室创造的氨基酸（蛋白质的基本成分）分子，具有多重作用：第一，促进弹性蛋白合成，改善弹性蛋白纤维结构，帮助肌肤对抗重力作用；第二，促进胶原蛋白合成，为肌肤提供水分，对抗皱纹，补水保湿；第三，排走多余水分，促进肌肤微循环，帮助减轻浮肿和黑眼圈。

氨基酸共有 20 种，肽类则千变万化，每一种都有不同的功效。由于这些是合成成分，所以通常按照品牌名称分辨。例如，欧缇丽的寡胜肽和神经酰胺（Dermaxyl CL）用于抗衰老、平复皱纹，棕榈酰四肽和三肽（Matrixyl 3000）用于抗皱，乙酰二肽十二烷醇酯（Idealift）用于紧致肌肤。似乎很复杂，但只要仔细看一看护肤品标签，便可分辨。

用于：抗衰老产品、防止肌肤松弛产品、消除黑眼圈及消除眼袋产品。

乳木果油

乳木果油是一种极佳的润肤剂和保湿剂，具有丰盈效果。其特性是舒缓、不刺激，所以适合所有肌肤类型。同时，它富含亚油酸等脂肪酸，可应用于不同种类的护肤品中。

用于：保湿霜、润肤油、面部护理油、发油。

丹宁酸

丹宁酸萃取自亚洲树木“绿花恩南番茄”的果实，具有即时收敛效果，因此可以紧致毛孔，改善肌肤质地。

用于：毛孔紧致产品。

红酒酵母

红酒酵母是欧缇丽独有的产品，萃取自葡萄酒酵母细胞壁，通过增强肌肤免疫功能，发挥强化作用。

用于：保湿霜、敏感性肌肤护肤品。

维生素 C

勇敢的探险家雅克·卡蒂埃在1535年被大雪围困在圣劳伦斯河上（现今魁北克的位置），船员们纷纷染上坏血病而生命垂危。虽然他们知道水手在长期航海的过程中容易罹患坏血病，却不清楚病因及医治方法。多亏魁北克易洛魁部落的原住民让他们喝了一种茶，卡蒂埃的船员才幸免于难。那种茶由当地土生树种的树皮制成，富含多酚和维生素 C。

维生素 C 不仅可以预防坏血病，而且作为有效的抗氧化剂，可以亮白肌肤，甚至可以改善暗沉肤色。因此，维生素 C 广泛应用于护肤品。但存在一个问题，维生素 C 实际上是一种非常脆弱的分子，就像白藜芦醇一样，如果没有妥善地保存和稳定的技术，它很难发挥作用。含维生素的护肤品应始终存放在深色容器内，避免阳光照射和受热。

用于：抗衰老产品、抗氧化产品。

白茶

白茶来自野茶树的树芽和树叶，加工步骤非常少，你可以利用白茶的丰富抗氧化功效。

用于：抗氧化产品

4. 多酚

当我们咬了一口水果，却发现它还没成熟时，你就会接触到多酚。

多酚是一种微量元素、复杂分子，无数植物都含有多酚，主要是水果和蔬菜、豆类、坚果、种子、可可豆和茶，当然还有葡萄和红酒。数十年来，因其具有天然抗氧化、抗病毒和抗真菌功效，并拥有保护肌肤等诸多健康益处，全世界的科学家对多酚都进行了广泛研究。这些益处包括抗衰老、抗癌、促进心血管健康（特别是促进动脉血液流通）、调节胆固醇水平、调节血糖（抵抗糖尿病影响），并使血压恢复正常。多酚有助于降低失智症、阿尔茨海默病、中风等神经系统疾病，以及多发性硬化等疾病的风险。多酚还可以促进去乙酰化酶的合成，延长细胞寿命，因此它也是肌肤护理的最佳保护。

多酚最佳水果来源：苹果、杏、各类浆果、樱桃、蔓越莓、大枣、奇异果、柠檬、青柠、杧果、油桃、橙子、桃子、梨、李子、西梅、石榴、葡萄干、红葡萄、紫葡萄、金橘。

多酚最佳蔬菜来源：菜蓟、西蓝花、芹菜、圣女果、玉米、茄子、茴香、各种绿叶蔬菜、各种洋葱、欧洲萝卜、紫甘蓝、番薯、西洋菜。

多酚最佳豆类、坚果类来源：干制豆类，如鹰嘴豆、蚕豆、小扁豆、豌豆、花生以及所有木本坚果，特别是红衣花生、亚麻籽、南瓜籽、葵花籽。

可可也是多酚的丰富来源，多吃可可含量在60%~70%之间的黑巧克力和可可粒，也可以摄入多酚。而茶中多酚最丰富的是绿茶和红茶。

最富含多酚的葡萄酒是用红葡萄或紫葡萄制成的红酒，酒色越深，则其含有的多酚越多。葡萄的多酚大部分集中在坚硬的部分，如葡萄籽、葡萄藤和葡萄皮。它们由一个庞大的家族构成：白藜芦醇、葡萄蔓威尼菲霖、低聚原花青素（PCO）等。多酚的天然化学结构赋予其强大的抗氧化功效。

酿造葡萄酒时，发酵过程产生的酒精与葡萄籽和葡萄皮接触，可以浸出其中的多酚。由于发酵过程需要一定时间（在史密斯拉菲特酒庄，葡萄酒需要在大木桶内发酵约 8 周时间），在此过程中大量多酚进入酒中。红葡萄酒中的多酚含量是白葡萄酒的 10 倍，因为白葡萄在发酵过程中没有浸泡步骤，所以没有足够的时间提取多酚。遗憾的是，甜葡萄汁也几乎不含多酚，因为生产过程没有经历长时间发酵。

需要指出的是，膳食多酚的效力取决于其生物利用度或身体的吸收情况。多酚会因为氧化作用快速分解，变成对身体基本无用的物质。已经氧化的食物（例如，一片苹果如果久置不吃，就会变成褐色）也会失去这种宝贵的营养物质。加热或加工食物（例如，在装罐过程中或者拌糖烹饪时）也会影响多酚水平。食用一把西梅或亮紫色的李子会为你的身体提供大量多酚，而用梅子或李子做馅的糕点则不会有这种效果。

因此，每天喝一小杯红酒，便能为膳食补充具有生物活性的多酚；葡萄酒酿造过程去除了多酚的天然收敛作用，而且不影响其功效。红酒之所以如此受人追捧，研究表明是因为多酚的功效，红酒对身体尤其是心血管有诸多益处。著名的《哥本哈根市心脏研究》对 13 285 名男女进行了长达 12 年的跟踪研究，其中喝红酒的人患心脏病或中风的概率比从不喝红酒的人小一半。科学家认为红酒中的某种多酚是产生这些结果的主要原因之一。那种多酚，称为白藜芦醇。

长寿者的灵丹妙药——白藜芦醇

白藜芦醇是葡萄藤产生的一种天然物质，平时可以保护葡萄藤免受微小创伤。作为抵抗细菌入侵的第一层防御屏障（超过 440 磅葡萄藤只能制作1.76盎司的纯白藜芦醇），白藜芦醇集中于葡萄皮和葡萄藤中。过去10年里，关于葡萄树白藜芦醇的科学论文已经发表了八百多篇。斯克里普斯研究所（Scripps Research Institute）最近在世界权威科研杂志《自然》上发表了一项最新研究，表明这种天然产生的保护因子，令白藜芦醇能够以同样的机制结合人体中的某种酶而进入细胞、激活长寿基因以及天然抗癌基因。也就是说，白藜芦醇可以促进细胞健康，延长细胞寿命不再是传说。让我们详细看一看它的丰功伟绩：

抗衰老

当白藜芦醇用于护肤品时，它可以很好地激发成纤维细胞活力，这种细胞负责生成胶原蛋白和弹性蛋白，为肌肤的结构提供支撑。胶原蛋白和弹性蛋白会随着年龄增长而自然降解，所以保持成纤维母细胞年轻健康，将有助于维护肌肤活力紧致。

激活具有抗衰老作用的去乙酰化酶

去乙酰化酶又称“沉默信息调节因子2基因”，存在于胎儿组织和成人组织中。它们可以帮助修复DNA，抗敏消炎。最重要的是，它们似乎掌握着人类健康与长寿的钥匙，或许总有一天会解锁不仅可以延缓肌肤衰老，而且可以延缓整个身体衰老的秘方。

自2006年起，我们与哈佛医学院遗传学系教授兼保罗·F.格伦衰老生物机制研究实验室主任戴维·辛克莱教授合作，开展最吸引人的研究工作。辛克莱博士同时担任学术期刊《衰老》共同主编，而且被《时代周刊》评为2014年度百名最具影响力人物之一。他是全世界长寿基因研究领域的领先专家之一，业界同行在发表的医学文献中几乎每一项研究都曾提及他的名字。我第一次阅读他的文章是他发表在《自然》杂志上的一项研究，文中提到说白藜芦醇是延长细胞寿命最好的分子。然后，我看到他出现在《财富》杂志封面上，探讨的话题是长寿与喝红酒之间的联系！（辛克莱博士原籍澳大利亚，但我觉得他骨子里可能是法国人。）2013 年 9 月，我们在巴黎第一次见面，我邀请他出席我们在欧缇丽总部组织召开的关于白藜芦醇的科学会议，他告诉我他研究了上百种抗衰老分子，迄今为止白藜芦醇是最好的。这次会议即刻验证了欧缇丽一直以来努力去做的每一项研究都是朝着完美的方向进行，从那之后我们便与辛克莱博士合作，以他的最新研究作为研制护肤品的依据。

辛克莱博士的实验室展示了白藜芦醇激活抗衰老细胞的过程，这种刺激使细胞寿命更长久。去乙酰化酶与白藜芦醇的联系竟然如此奇妙：细胞寿命越长久，人就越年轻。换言之，去乙酰化酶可以使你活得更长久，同时感觉自己更年轻。这是多么难以置信！

抗氧化成分

你已经知道利用抗氧化成分来对抗自由基有多么重要！白藜芦醇是一种抗菌消炎的天然抗氧化成分，它可以在肌肤细胞平均 21 天的寿命内持续起作用，在这整个期间它可以保护这些细胞免受 UVA 紫外线辐射损害。不仅如此，白藜芦醇还能保护细胞免受紫外线诱导损伤，例如，胶原蛋白降解。

抗糖化

蛋白质与糖发生反应即为糖化作用，也叫“美拉德反应”，如果食物意外烹调过度，锅中食物会变成褐色或者被烧焦，这就是糖化的作用。糖化对于肌肤而言可不是件好事情。从技术上讲，当糖分子与蛋白质相结合时，便发生糖化，这种结合不可逆转，会使肌肤变得僵硬脆弱。糖化也会降低肌肤生成胶原蛋白的能力，失去了胶原蛋白的默默支持，肌肤就会产生皱纹，变得松弛。幸运的是，白藜芦醇通过中和糖化过程，能够避免糖化引发对肌肤的损害，进而防止深层皱纹的形成。

你柜子里的白藜芦醇是有效的吗

如你所知: 第一，通过食用富含多酚、白藜芦醇的食物，饮用富含多酚、白藜芦醇的茶和红酒，由内而外激活去乙酰化酶，保持身体健康；第二，使用富含白藜芦醇的护肤品，令肌肤由内而外焕发光彩。

近年来，白藜芦醇开始作为一种营养补充剂出售，如果你不喝红酒，那么服用白藜芦醇营养补充剂也能受益匪浅。我推荐欧缇丽葡萄籽胶囊，它的主要成分是葡萄萃取物、月见草油和琉璃苣油。

直接在肌肤上使用白藜芦醇时，浓度可以比服用补充剂时更高，但是需要指出的是，不是所有含白藜芦醇的局部护肤品都有效。白藜芦醇是一种极为强大的多酚，但是如果暴露在空气和阳光下，会非常不稳定。就像维生素 C 一样，你可能买过含维生素 C 的护肤品，使用一段时间后，你会注意到产品的颜色逐渐发生变化。产品并没有变质，只是被氧化了。产品一旦发生氧化，活性成分会发生分解并且失去活性，产品就会因此而失去效用。

我们初次在葡萄田与费邓博士见面时，他刚刚申请了关于多酚的一项专利，并且正在努力研究另一项专利——那就是使白藜芦醇稳定，避免其自然氧化过程的技术。在他成功之前，没有人敢声称外用性护肤品添加的白藜芦醇能够真正发挥作用。然而费邓教授花费多年时间，最终攻克了白藜芦醇的稳定问题，并成功地申请了这方面的专利。白藜芦醇一旦稳定，便不会再自动降解或氧化，所以你可以确定该产品将发挥其应有的预期功效，强有力地促进胶原蛋白和弹性蛋白纤维生成，紧致肌肤，并使肌肤看起来年轻。

欧缇丽是目前唯一一家使用稳定的白藜芦醇的护肤品公司，而且是目前唯一产品可以用滴定法测量白藜芦醇含量的公司，可以保证每种产品中的白藜芦醇含量能够达到某个标准（当你看到“白藜芦醇 1000”，表示一罐产品中纯白藜芦醇的含量为 1‰。你可以寻找其他护肤品牌的棕榈酰葡萄树提取物，查看白藜芦醇含量，经过对比你会发现，白藜芦醇只有经过氨基酸稳定，才能够真正发挥作用。

来自古老的传说——葡萄蔓威尼菲霖

法国的葡萄产区有一个古老的传统，在这里工作的女性在葡萄收获期间，会将葡萄蔓的汁液涂抹在肌肤上，这样不经意的小动作对于亮白肌肤极为有效，而且可以去除褐斑或雀斑。这启发了我们对葡萄蔓的汁液展开研究。不出意料，我们发现它含有能够调节黑色素的多酚分子。若干年后，我们取得了葡萄蔓威尼菲霖专利，它也成为护肤品中的明星成分。

葡萄蔓威尼菲霖具有抗菌消炎的功效，能够有效提亮肤色、温和淡化暗斑，甚至改善暗沉肤色，比维生素 C 的有效性高 62 倍。欧缇丽臻美亮白精华液（Vinoperfect Radiance Serum）是我们的全球畅销产品，葡萄蔓威尼菲霖是其中一种活性成分。它真的有效，自 2008 年以来，在全法国药房销售的淡斑产品中位列头号。

还在谈香精色变？刺激性≠过敏

你可能在美容杂志和网站上看到过，或者化妆品柜台销售人员曾告诉过你，很多产品都含有香精，它具有刺激性甚至可能导致过敏。但是，刺激不等于真正的过敏。华道夫博士表示，真正的过敏并不十分常见，化学品比香精更易引起过敏，香精本身引起的过敏反而很少。刺激性物质如果使用过多，会导致任何人产生不良反应，而某种特定植物油或化学品过敏源只会影响特定人群。

多年以来，有女性朋友告诉我，她们对护肤品成分的反应越来越强烈。可是她们没有意识到，许多护肤品均含有10~20种不同的成分，在肌肤上涂抹一层又一层的护肤品，你的肌肤当然会发出抗议，而且过多使用，也难以判断究竟是哪种成分引起肌肤过敏。有时，你不知道你喜欢的产品换了刺激性更大的新配方，或者你的肌肤可能受到气候或其他问题影响，比平时更加容易过敏。

然而，华道夫博士表示，他有许多患者其实并不是她们自己说的过敏性肌肤，她们只是使用了过于粗糙的产品，包括质地粗糙的磨砂膏、含有大量酒精的爽肤水或强力除臭型香皂，这些产品都不应该用于面部。她们也可能不知道自己患有潜在皮肤病，比如湿疹或红斑痤疮。

有时，过期产品也会引起肌肤反应。大多数产品保质期最多为三年。切记：需用手指取用的罐装护肤品为了防止接触空气而变质，会加入比管装护肤品要多的防腐剂，而过敏性肌肤应使用管装护肤品。欧缇丽的产品会尽量装在管状包装瓶、喷嘴包装瓶或者带有滴管的包装瓶内，除非配方黏度太高，导致乳霜质地太厚，无法装入管状包装瓶。

如果护肤品引起肌肤灼痛、发痒，或者导致肌肤发红、出现荨麻疹、脱皮、皮疹等症状，则需立即去看皮肤科医生。斑贴试验就能确定这究竟是过敏（会很严重），还是只是肌肤刺激（简单外敷治疗便会消除）。例如，如果一款乳霜用了几个月，没有出现任何问题，然而突然有一天你的脸特别红，这很可能是过敏反应。停用该产品，带上护肤品包装瓶去看医生。

你已经知道我对香味有多么痴迷，除了为极敏感性肌肤研制的低致敏护肤品之外（根据法律规定，经过行业鉴定为过敏源的物质不论浓度高低，均不得出现在标有“低致敏”标签的产品中），几乎所有欧缇丽的产品都含有香精。但我们的产品中只含有少量香精，精华液中香精含量通常为配方的 0.2%，因为只要极少量即能达到理想的效果。由于香精被视为过敏源，因此我们在产品标签上也加以标注。

许多公司将“不含香精”作为产品卖点，但是，切记这样会极大地限制有效成分的选择范围。

The grape escape
Vinotherapie
Pulp friction massage
Once upon a vine
The grape escape
Pulp friction massage

Part three

美丽健康肌肤的精髓

第六章

我可怜的脖子

想要拥有完美健康的肌肤，准确选择护理产品，首先要知道自己的肌肤类型（即肌肤与生俱来属于中性、干性、油性、敏感性等）与肌肤表面状况是完全不同的概念。这也能说明为什么在含氯泳池中一周游几次泳后，有些油性肌肤的人偶尔会出现干皮，而有些中性肌肤的人会发生肌肤缺水。需要牢记一点：肌肤类型会随时间变化。举例来说，年轻少女的肌肤往往比年长女性的肌肤更油！

如何认识肌肤类型

干性肌肤或者缺水性肌肤

肌肤偏薄，易发红，时常感觉紧绷不适，同时伴随以下状况：

- 干皮
- 暗哑
- 细纹
- 无光

中性肌肤

感觉肌肤舒适，虽然环境因素会令肌肤干燥或缺水，但肌肤既不会太油，也不会太干。年轻女性通常属于这种肌肤类型，同时伴随以下状况：

- 偶尔长痘
- 偶尔发干

油性肌肤或者混合性肌肤

肌肤油脂分泌多少很大程度上取决于基因，但是使用不当的去油洁面产品、生活环境炎热、潮湿等外在因素也会使肌肤状况雪上加霜。混合性肌肤是指前额与 T 字区往往比面部其他区域更易出油，同时伴随以下状况：

- 肌肤油亮、毛孔粗大
- 肌肤泛油光，特别是 T 字区
- 青春痘或黑头
- 脸颊缺水，但肌肤其余部分出油

走开！痤疮君

吃巧克力或炸薯条并不会导致痤疮，这个消息真令人宽慰。但对于突发痤疮的成年女性而言，这种明显的肌肤问题堪称灾难，还是要注意忌口一些富含脂肪的食物，以免加剧症状。痤疮是一种炎症性疾病，亚洲女性的发病率年年走高，甚至各个化妆品牌也在抢占控油、净肤、祛痘的大市场。可能导致痤疮的诱因包括基因、体内激素水平的波动以及痤疮丙酸杆菌。体内激素的变化会扰乱细胞再生频率，当肌肤细胞不按照既定频率再生时，肌肤就会变得更加发黏、更油腻，毛孔堵塞，最终形成青春痘和黑头。

自行处理痤疮并不是一个好主意，特别是在突发痤疮的情况下，因为这可能表示体内激素失调，需要向皮肤科医生或内分泌医生咨询医疗建议。非处方痤疮产品通常针对肌肤更油腻、恢复力强的青少年，而不适用于成年人，而且这些产品会刺激肌肤，使肌肤看起来更加糟糕。针对成年人，皮肤科医生会为你制定适合的治疗方案，也会为你检查激素水平。

敏感性肌肤

使用护肤品经常引起肌肤刺激怎么办？敏感性肌肤十分棘手，有些人可能与生俱来，有些人可能由于环境污染、极端天气、吸烟、过多日晒、日常饮食习惯或使用某类护肤品等因素，长年累月、不知不觉间导致敏感性肌肤。同时，敏感性肌肤往往伴随以下状况：

- 脸部容易泛红
- 对气候、化妆品以及压力反应过度
- 红血丝
- 肌肤刺激
- 刺痛感

无油产品不再是神话，并非万能，特别是针对痤疮

红斑痤疮与普通痤疮不同，人们经常误称其为“成人痤疮”。它是一种常见的血管病状，通常是脸颊和鼻子部位发红。诱发红斑痤疮的因素有很多，包括酒精、情绪焦虑、咖啡因、化妆品、窘迫难堪、香料、运动、食物、高温、处方药、压力、日晒、温度变化（特别是极热或极冷条件）等。

红斑痤疮是一种渐进的肌肤状况，虽然无法治愈，但是有很多治疗方法可以借鉴。使用治疗痤疮的产品肯定会对肌肤造成刺激，因此请向皮肤科医生咨询建议。红斑痤疮特别容易受到紫外线辐射影响，所以必须每天使用防晒霜。

适合全部肌肤类型的护理方案

无论你属于哪种肌肤类型，都要遵循下面这些基础步骤：

日间护理方案

洁面是一门艺术

每天应洗脸两次，然后使用保湿爽肤水，再涂抹精华液和保湿霜。

根据不同的洁面习惯选择你喜欢的质地：

• 需要用水冲洗的泡沫洁面。

• 需要用爽肤露卸除的洁面乳。

• 洁肤水晶莹剔透，浓稠似水。将一片化妆棉用洁肤水沾湿，然后在脸上涂抹（同时具有卸妆效果）。反复涂抹直到化妆棉再也清洁不出污垢为止。虽然不用冲洗，但我还是喜欢冲洗一下。

王牌爽肤秘籍

大部分美国女性认为爽肤水本质上具有紧肤作用，只适合油性肌肤。一款好的爽肤水不仅不会带走肌肤的天然油脂，还会完善二次洁面步骤，增加肌肤保湿度并帮助更好地吸收后续的精华液和保湿霜。干性肌肤或敏感性肌肤适合使用不含酒精成分的爽肤水，油性肌肤则适合使用含有抗菌成分和含油或消除痤疮精华油的爽肤水。

无论哪种肌肤类型，都可以尝试集爽肤水与精华于一身的欧缇丽葡萄活性精华爽肤水，它含有玫瑰花、香橙花、薄荷精华油、蜜蜂花精华油以及迷迭香、没药、安息香，是一款成分丰富的抗菌组合产品。这款爽肤水可是我的王牌美容秘籍，每天我都要把它喷在脸上，唤醒肌肤、紧致毛孔和修复妆容。

精华液也混搭

更有效、更浓缩的精华液所蕴含的治疗和活性成分高于保湿霜，质地水润又可以更快渗透肌肤。这款精华液是生活在都市中的人们对抗环境污染、保护脆弱肌肤必不可少的。只需几滴精华，即刻改善肌肤问题。

精华液也混搭：白天使用强效紧肤精华液，夜间使用深层保湿精华液。不过，想要脸部充分保湿，务必再涂抹保湿霜或防晒霜！

保湿霜需适量

只靠喝水不足以弥补肌肤流失的水分，你还需要保湿霜来保护肌肤。

保湿霜具有细腻肌肤和补水保湿的功效，可以淡化细纹，帮助角质层补水，也可形成一道屏障，保护肌肤的天然水分不流失。冬季室内环境干热，容易对脸部的肌肤造成损伤，而室外寒风凛冽，加剧肌肤干燥，这时更加需要使用保湿霜。但如果你的肌肤不是特别干燥，可以不用特润乳霜。当肌肤开始起红疹，则表示使用过量，请换用更轻量的产品或者减少用量。

防晒霜不能停

除非你不出门，否则无任何借口拒绝使用防晒霜，你应始终拥有一款防晒系数高，保护肌肤对抗由 UVA、UVB 带来的光老化和晒伤的广谱防晒霜。

全眼眶涂眼霜

我们每小时眨眼大约1,200次，也就是说，我们每天眨眼次数要超过28,000次！眼部周围肌肤厚度是脸部其他部位的3/4，眨眼会摩擦肌肤。此外，睡眠习惯以及遗传因素也会导致天然肿眼泡和黑眼圈。眼部产品专门针对这片敏感区域，通过眼科医生测试不会影响眼睛功能，而且通常不含香精，刺激性非常小。

使用眼霜时，一定要围绕眼眶整圈涂抹，不能只涂眼睑。请寻找一款含有补水、抗皱、去浮肿成分以及大量抗氧化成分的眼霜。

夜间护理方案

小心翼翼地卸除眼妆

对于任何类型的肤质来说，眼部都是极其敏感的部位，因此在卸除眼妆时需要小心翼翼。不要使用含有任何矿物油的眼部卸妆液，这会极度刺激肌肤，而且会堵塞毛孔。我一直建议使用安全、温和的眼部卸妆液，不必大力揉搓，也不用过量使用即能将眼妆清除干净。我喜欢使用百分之百纯天然的卸妆油，卸除眼妆最为有效。如果有任何一款眼部卸妆液使眼部感到刺痛，应立即停止使用，改用其他产品。

洁面

参见日间洁面步骤。

爽肤

参见日间爽肤步骤。

去角质

每周至少要去一次角质。随着年龄增长，肌肤细胞再生速度减慢，但每周最多去两次角质。

精华液或精华油

参见日间精华液使用护理步骤。

保湿霜

参见日间保湿霜使用步骤。你还可以选择活性成分浓度更高的保湿霜，在睡眠过程中发挥功效。

眼霜

参见日间眼霜使用步骤。

优质的护肤品有多贵

护肤品的价格千差万别，是不是觉得难以抉择？而价格频繁变动也让你摸不着头脑？你甚至会想这件产品如此之贵是不是真的物超所值？是不是大部分都用于包装和广告？药店是否有更棒的产品？

由于护肤品公司经常更换配方，所以我很难建议你应该购买哪款产品，而我在这本书中提到的护肤品，也许在你看到这本书时已经过时了。但是我会推荐你去购买在预算范围内的超强抗氧化保湿霜和精华液，因为它们会为你的肌肤提供持久保湿。购买前仔细阅读标签，看产品是否含有我在第五章列出的最佳成分，帮助你做出正确的选择，而且很多品牌在线购物可以享受优惠折扣。另外，在保健食品店里购买大瓶天然精油，也可以节省一大笔钱。天然精油每次只需少量使用，因此远比身体乳便宜。一大瓶有机椰子油大概只需 10 美元（约 70 元人民币），可以持续使用几个月，但唯一的缺点就是它会使肌肤变得非常油。

如果你很喜欢现在使用的产品，而且效果也很好，那么就没必要换用其他产品。如果你喜爱的产品含有我在“免用成分”清单上列出的成分，那么请予以更换，以免这些产品对肌肤造成任何潜在损害，最终导致更大的损失。

你敲破过鸵鸟蛋吗

公元前1372年，古埃及王后娜芙蒂蒂是一名狂热的去角质爱好者。清晨，她一定要在掺入天然石灰的水中沐浴，用一块由尼罗河泥沙制成的黏土块揉擦身体，并用浮石磨去肌肤的角质。之后，她还会敷一层用鸵鸟蛋液、黏土、油和牛奶制成的舒缓面膜。她可能并不知道自己做的这一切背后所蕴含的科学原理，只要有效她便心满意足。而现在我们知道，她使用的就是天然的磨砂膏。

幸运的是，我们现在不必为了改善肤质而去敲破鸵鸟蛋。可如今许多女性并不了解去角质的本质，不清楚它对于护肤程序的重要性。相信我，去角质是唤醒肌肤、提亮暗沉肤色最有效的方法。

需要去角质是因为肌肤细胞会随着新陈代谢非常快地移动到表皮层，逐渐形成角质层，然后死亡。青少年和二十来岁的女性每20~28天会再生新的肌肤细胞。但是随着年龄的增长，肌肤细胞再生过程会超过50天。如果不摆脱这些已经死亡的肌肤细胞，它们会快速积聚，使肤色看起来暗淡无光，毛孔粗大。

很多女性对去角质忧心忡忡，我想是因为她们在年轻时可能试过用刺激性物质揉搓。很多女性还错误地认为用磨砂膏只是日常清洁的一个步骤。可使用不当，粗糙的磨砂膏会破坏保护肌肤的天然油脂，使肌肤更易发红。

最好的磨砂膏既温和无刺激，又能有效去角质。根据自己的肌肤类型选择一款适合的产品，混合性肌肤或油性肌肤可以使用日用的温和磨砂膏代替洗面奶，干性肌肤或敏感性肌肤应使用带有无刺激荷荷巴颗粒的温和角质调理霜。

你用哪款保湿霜

无论年龄大小，无论哪种肌肤类型，保湿霜必须含有抗氧化成分。最好的抗氧化成分包括多酚和维生素 E。

即便你之前没用过优质的抗氧化保湿霜，现在亡羊补牢也不算晚。使用成效卓著的保湿霜，仅需数周便能看出肌肤质地与表面会有明显改善。虽然保湿霜无法消除常年日晒或吸烟对肌肤造成的损害，但是仍然可以给肌肤带来显著变化。保湿霜可以单独或搭配使用：

1. 牛脂肪的除皱术

皱纹是一种明显的衰老迹象，令许多女性闻之色变。千百年来，极度渴望保持肌肤紧致的女性尝试过无数驻颜食品、化学药剂，甚至不惜使用香气扑鼻却有毒性的"长生不老"药来永驻青春。她们之中最极致的典范当属具有传奇色彩的劳拉 · 蒙特兹，1858 年她在纽约出版了一本书，名叫《美的艺术：女盥洗室的秘密》。那个年代并没有化妆品这回事，她在书中写道，除了其他一些食物可以除皱外，牛脂的除皱效果更甚。听到这里，你是不是很庆幸自己生活在 21 世纪?

法国人最好的一个护肤习惯是，我们会在很小的时候便开始使用含抗氧化成分的抗皱霜，我们知道这样可以使我们的肌肤尽量润泽和健康。

* 最好的抗皱成分包括白藜芦醇、维生素 C、透明质酸微量元素、肽和维生素等。

2. 身体苗条也有苦恼

保持身材苗条是你的必修课吗？告诉你一件讽刺的事：身材瘦削的女性体脂肪含量极低，与同龄正常体重的女性相比，肌肤看上去更加松弛。

这是因为面部肌肉下方的脂肪垫会随身体其他部位的脂肪一起流失，减少了对肌肤的支撑力。此外，随着年龄增长，骨胶原和弹力蛋白水平下降，肌肤自然不再紧致。这样肌肤松弛下垂的可怕程度几乎与皱纹相当！你可以使用一款紧致保湿霜来对抗这个问题。如果你是额头比下颌宽的 V 型脸，那么肌肤松弛会更加明显，使用紧致保湿霜将会特别有效。

* 最好的紧致肌肤成分包括白藜芦醇和胜肽。

3. 令人沮丧的斑点

我们在 2005 年推出的臻美亮白精华液（Vinoperfect Radiance Serum）专门用于提亮肤色，但在当时并未引起轰动，因为女士们不知道其用法，或者误解了它原来的用途。实际上这是一款用于提亮、美白、均匀、改善肤色的产品，可以使你的肌肤焕发容光。不过，两名法国记者完全扭转了这个局面！其中一位烟瘾很大，所以她的肌肤看起来总是黯淡无光，自从她开始每天使用两次臻美亮白精华液后，肤色就变得红润起来，而且看上去更加健康。她戒烟了吗？没有，但是显然她应该戒烟。她写了一篇有关我们产品的文章，因此大量有吸烟习惯的女性前去购买；另一位记者是到圣特罗佩度假时，先使用臻美亮白精华液再涂抹防晒霜，然后发现她在日光下晒出的古铜肤色不仅保持得更久，而且皮肤没有长出任何雀斑或斑点，于是她撰文记述了此事。这就是臻美亮白精华液现在成为销量冠军的前因后果，许多年过去后，它依然魅力不减，很大程度上是因为它是市面上唯一一款可作为防晒霜打底的精华液，且不影响防晒霜的功效，即使是最敏感的肌肤也不用担心产生刺激。

色素沉着过度虽然听上去十分拗口，但极为常见。通常肌肤上会出现越来越多的色素沉积，以褐色斑点的形式呈现。

我们的肌肤含有黑色素细胞，黑色素决定着肌肤的颜色。肌肤的黑色素含量由基因决定，当黑色素细胞遭到破坏会导致肌肤出现雀斑，常常出现在面部和四肢部位。面积较大的雀斑也称老年斑或黄褐斑，通常出现在手部、胸部、肩部、手臂和上背部，而肤色较白的人更加容易长斑。黑色素细胞随着时间的推移逐渐遭到破坏，手部、手臂和腿部也会出现白斑，这被称为“黑色素沉着”，这是一种晒伤后遗症，无法修复。

我认为这些面积较大的雀斑不应称作老年斑，实际上几乎都是晒伤斑。这是因为，导致色素沉着过度的罪魁祸首就是暴露于紫外线辐射。

其他常见原因有：在服用口服避孕药、怀孕或更年期时激素发生变化，肌肤损伤，皮疹或青春痘反应。这些斑点痊愈之后叫作炎症后色素沉着过度，通常肤色较深的女性身上会出现这种情况。有时需要很长时间才能消除，这个过程令人十分沮丧。

最好的提亮、去除色素沉着过度的成分包括葡萄蔓威尼菲霖、乙醇酸和木瓜酵素（刺激细胞再生）、曲酸和熊果素萃取物。这些成分只对异常色素沉着有效，所以绝对安全，适宜每天使用。

各年龄段适用的保湿霜

* 20 岁：使用含抗氧化成分的保湿霜。

* 30 岁：使用含抗氧化成分、抗皱保湿霜。

* 40 岁：由于肌肤开始松弛，所以使用同时具有紧致功效的抗氧化、抗皱保湿霜。

* 50 岁以上：使用全效保湿霜，应含有抗氧化成分，具备抗皱、紧致肌肤、淡化暗斑等功效，甚至可以提亮肤色。许多女性皱纹很少，只需使用含抗氧化成分的保湿霜。很多亚洲女性就是如此，她们的肌肤中含有更多的黑色素，因此如果不做好防晒的话，肌肤极易产生斑点，但正如我在第四章所述，她们的肌肤中含有大量脂肪细胞，可使肌肤长期保持丰满、紧实。如果做好肌肤护理，甚至在 50 岁的绝经期之前你们都不会有一条皱纹！

必备法宝：面膜

面膜是一种含有高浓度活性成分的产品，可以敷在肌肤上一段时间后再冲洗干净。我爱面膜，一直都在用。下一章会让你了解原来自制面膜是如此容易的一件事，不仅价格实惠，而且特别有效。你可以制作各种效果的面膜，比如保湿、舒缓、净肤、排毒、亮颜，或者只是制作一款感觉舒适的面膜。如果你使用面部护肤精华油，只需在面部使用 5% 的精华油，再敷面膜，将会立即增强效果。

可怜的脖子！

我非常喜欢已故作家兼电影导演诺拉·艾弗伦写的一本令人捧腹的文集，名为《我可怜的脖子》（*I Feel Bad bout My Neck*），我们深有同感！那是因为颈部肌肤的皮脂腺较少，比较纤弱，自我愈合与修复速度也更缓慢，特别是在晒伤之后情况更加严重。这也是为什么女性在脸部尚未长出皱纹或变得松弛前，颈部却开始出现人们常称的“鸡皮”现象。一旦肌肤出现这种干皱纹理，便很难处理（你需要咨询皮肤科医生，通常需要通过拉皮或激光处理）。

我们只有在嘴唇皲裂时才意识到对之疏于呵护，所以你应该像护理脸部一样护理颈部。护理到下颌时不要停，应该继续往下，直至肩部！切勿忘记涂防晒霜，它是帮助预防细纹形成的第一步。

你不需要专门针对颈部肌肤的产品，只是一定要使用精华液和长效保湿霜，或者富含活性成分的抗氧化乳霜。即使脸部是中性肌肤或油性肌肤，颈部也极有可能是干性肌肤或者缺水。

我的护肤步骤

我的护肤宗旨就是使用最好的护肤品，并简单处之，不必用精致的妆容掩盖。肌肤底子不佳，化妆很难发挥作用。作为敏感性肌肤的例子，我的脸部护肤步骤如下：

• 洁面。早上使用泡沫洗面奶，质地温和，便于冲洗。晚上要使用卸妆油。

欧缇丽葡萄活性精华爽肤水或葡萄籽保湿爽肤水。欧缇丽葡萄活性精华爽肤水具有抗菌功效，可唤醒、舒缓肌肤，并收缩毛孔。欧缇丽保湿爽肤水为肌肤注入更多水分，并为使用精华液和保湿霜做好准备。

• 精华液。随着季节变化以及肌肤的不同感受，我会选择不同效果的精华液，比如补水、排毒、提亮、紧致。

• 保湿霜。白天，我会根据我的气色决定使用哪种保湿霜。一般先使用我常用的全方位抗衰老保湿霜（Premier Cru 青春再现抗龄系列），再使用具备防晒功效的欧缇丽臻美亮白系列光感调色润肤霜。在出差的时候，肌肤容易变得暗淡无光，所以夜间我使用含有乙醇酸的保湿霜，促进细胞再生，提亮、美白、均匀肤色。

• 眼霜。我用无名指将眼霜打圈涂抹在眼睛周围，同时也会绕唇涂抹。眼霜极为温和补水，我觉得它的质地要比润唇膏好。

• 去角质。我将荷荷巴颗粒、蜂蜜和葡萄籽油混合，并在科莱丽洁面刷上将其与泡沫洗面奶混合，每周用它去一次角质。

• 保护肌肤抵御自由基和阳光。如果巴黎天气阴沉，而我不必外出活动，那么 SPF20 的调色润肤霜足以给我需要的保护。但如果是夏季艳阳高照，而我又要长时间外出，那么我会选用 SPF50 的润肤霜。

The grape escape
Pulp friction massage
Vinotherapie
Once upon a vine
The grape escape
Pulp friction massage

第七章

全身护理——还有香氛之恋

法国人的护肤不只停留在脸部。当你品尝高品质的食物，关注保养以保持身形纤瘦修长时，让身体肌肤不仅焕发健康光泽，而且水润、柔软、充满活力也同样重要。我们的药房陈列着身体各个部位需要的保养品，下面介绍实现全面护理的方法。

法国人身体护理的精髓

法国人不爱泡澡

正如大家所知道的，肌肤异常洁净并非是个好现象，这常常让肌肤变得干燥脱皮。一直以来，法国的气候比美国更加温暖，许多人家里并没有安装中央采暖系统，而且把水烧热保温往往需要相当长的一段时间，因此，许多法国女性没有长时间享受蒸汽沐浴的习惯。每当我和我的妹妹准备洗澡时，我的祖母经常对我们说："不要每天全身用香皂，哪儿有味道用哪儿就行了！"

几十年过去了，我从中领悟到古老的智慧所在。热水能带给人舒缓的感觉，特别是在寒冷的天气里或者在高强度运动之后，热水澡能令你全身放松，但也会使你的肌肤变得极为干燥。想要肌肤保持水润，最好的一个方法就是关掉淋浴，全身涂一层精油（不只是涂抹手臂和腿），然后用毛巾擦干。一款好的精油可以是葡萄籽油、摩洛哥坚果油、甜杏仁油、荷荷巴油或椰子油，它可以恰如其分地渗入肌肤，而淋浴的热气已经使你的毛孔张开，皮肤能够更多地吸收保湿产品中的活性成分。然后轻轻拍干就好。

冬季室外寒风刺骨，室内供暖燥热，加剧肌肤干燥，当你全副武装抵御寒冷时，最不希望的就是肌肤发痒、脱皮。可以在擦干身体之后，就像肌肤保湿"三明治"，涂抹一层轻薄的补水霜或补水精油。你真的需要把它列为日常护肤不可或缺的一个步骤，因为肌肤干燥得特别快。

别忘了也要给容易遗忘的手肘和耳朵特别的关怀。耳朵经年累月受到阳光暴晒，但是我们容易忘记为耳朵涂防晒霜，所以耳部皮肤受损严重，成为罹患皮肤癌的重灾区，并且这绝不是耸人听闻。

说起耳朵，纽约市欧缇丽葡萄温泉疗养 SPA 的欧缇丽首席美容师兼讲师雷吉娜(Régine)曾经告诉我，她看到越来越多的顾客因为使用手机，耳朵上出现黑头以及其他斑点。过去办公室里只有固定电话和大块头的手机，我们会把它架在脸上一整天，所以只有下颌会有斑点，而现在至少这些斑点早已荡然无存！

最后，如果你想要立即唤醒能量，那么可以在沐浴后尝试一阵冷水浴，通过促进毛细血管循环，使肌肤激爽、紧实。

*** 法式风情的秘诀 ***

将一大匙小苏打与水混合成糊状，轻柔地涂抹在身上，然后用温水洗净。这个方法可以立即清除死亡的肌肤细胞，让肌肤看起来光彩照人。

最令法国女性恐惧的一个问题——橘皮组织

我的母亲令她所有的朋友都很羡慕，不只是因为她是我美貌绝伦、惹人喜爱的妈妈，或者单纯因为她的葡萄酒如此美味。她的朋友羡慕她，是因为她绝对没有通常胖女人才会有的橘皮组织。从背后看，她的双腿和臀部平滑紧致，宛如 16 岁的少女。我想她的秘诀就是她虔诚地按摩身体会出现橘皮组织的部位。“虔诚”二字绝对所言非虚！她也经常去她葡萄园里的欧缇丽葡萄温泉疗养 SPA，在护理室里用强力喷水花洒将水喷在她的肌肤上，帮助促进血液循环，以防万一。但是，哪怕她从来不去 SPA，她仍然没有橘皮组织！

我的母亲在对抗这些恼人的小坑时表现出的执着并不算特别，同样在青少年时期，其他国家十几岁的女孩子可能沉迷于化妆、追星或约会，而法国的女孩子却对橘皮组织极其关注。脂肪细胞被困在身体的结缔组织中形成橘皮组织，由于接近肌肤表面，所以清晰可辨。这也是专门清除深层肌肤内脂肪的抽脂术，反而会加剧橘皮组织的原因。

谁能够发明出真正永久摆脱橘皮组织的方法，世界女性将对此感激不尽！

因为橘皮组织也有强大的遗传因素，就像是拥有最佳身形状态的世界级网球运动员，依然会有橘皮组织一样，即使是体形瘦削、身材健美的女性也会存在橘皮组织。减肥可以稍微减少橘皮组织，但是大多数女性就算费尽心力变得身材苗条，也依然摆脱不了这一困扰。目前为止，橘皮组织仍无法治愈，或者没有任何疗法可以保证永久有效。

但并不是一点儿办法都没有，我推荐局部护理和专业护理两种方法。局部护理是将乳液涂抹到身上按摩，专业护理包括法国女性最爱的深层组织按摩仪——Endermologie Cellu M6，这是一种可以明显改善橘皮组织外观的产品，需要定期使用，只能带来暂时性的效果。法国女性对于瘦身霜和纤体霜的追求往往比美国女性还要狂热，这并不表示我们认为用了它以后就能减轻体重，而是我们知道，涂抹瘦身纤体霜之后进行按摩，可以获得更好的减淡橘皮的效果。在波尔多欧缇丽葡萄温泉疗养SPA做专业按摩时，我会使用柠檬、柠檬草、杜松、柏树、迷迭香和天竺葵组合而成的混合精油，底油采用葡萄籽油，然后再涂抹一层厚厚的咖啡因乳霜。经过验证我发现，这种组合效果显著，现已成为热门的欧缇丽紧致纤体精油配方。大多数在柜台购买的宣称专门针对橘皮组织的腿部护肤品（通常称之为“瘦身霜”或“纤体霜”）都含有咖啡因，虽然咖啡因不能永久起效，但是可以立即展现肌肤紧致效果。

刚刚提到的按摩，之所以会带来如此惊人的效果，是因为身体的淋巴系统可以帮助清除体内废物。按摩身体某些穴位可以加快淋巴液流动，清除毒素。我喜欢用一个小滚轮自己按摩，并随时把它带在身边，甚至在开车时也会带着它消磨堵车的时光！我每天也都会使用那些立竿见影的按摩油，比如沐浴后把刚才提到的混合按摩油涂抹在湿润的肌肤上，然后打圈按摩。从脚开始一直往上，到问题区域再集中按摩，推荐使用手推滚轮等小型器械，可以使按摩更加有效。

你的身体喜欢吃甜的还是咸的

脸部肌肤需要去角质，身体当然也不例外，每周至少去一次角质会使身体肌肤滋润光滑。你可以在洗澡时顺便去角质，非常方便。

磨砂膏一般分为糖质和盐质，我更喜欢用糖质磨砂膏。因为如果身上有小伤口或水泡，盐质磨砂膏会使肌肤感到刺痛。欧缇丽卡本内去角质身体紧致霜是欧缇丽的一款畅销产品，它含有红糖，沐浴时使用效果极佳，糖和水完美交融，你完全不用担心肌肤被粗暴对待，也不必担心肌肤失去水分。除此之外，选择具备保湿效果的磨砂膏一样好。

没有怀孕也有妊娠纹？

妊娠纹与橘皮组织大同小异，也取决于基因因素，而且不能消除。据我所知，纤瘦的女性一旦到了青春期开始发育，臀部就会出现妊娠纹，令她们感到沮丧！怀孕和减肥期间体重猛增，也会导致妊娠纹。如果你确实有妊娠纹，请咨询皮肤科医生。

当妊娠纹刚刚出现，仍然发红的时候，使用局部护理产品护理会相对容易点。妊娠纹一旦变白，只能选择激光祛除，而且不一定会成功。如果你在怀孕期间发现长妊娠纹，最好的办法就是让肌肤尽量保湿。另外，保持体重稳定是你可以采取的最好的预防措施。

手部护理三部曲——爱上戴手套

手部的肌肤与眼部一样更加纤薄，而且比身体其他部位的肌肤更加容易被人注意到。法国女性深知这其中的利害关系，因此欧缇丽护手霜在法国成为我们的畅销产品。我们还知道日常使用洗手液会对双手造成损害，因为它们虽有着洁净力，但其中的酒精成分会使肌肤极为干燥。使用洗手液洗手后，务必涂上优质的护手霜，并且记得将旅行装放在手提袋内的小包里，方便随时使用。在床头柜也放上一瓶，睡前涂上一层厚厚的护手霜。

防晒：由于手部肌肤精致纤弱，且经常接触其他物品，所以早在脸部或手臂衰老前，双手就会出现光老化迹象。每天早上，我会将脸上涂多的防晒霜抹在手部，这样就不会忘记涂护手霜了。

提亮：如果你的手上开始出现褐色的色素沉着和斑点，则应使用第六章中提到的任何一款提亮产品，然后再使用高倍防晒霜。

去角质：在你为身体去角质的同时，也可以为双手去角质。手与脸应一视同仁，但要使用非常温和的磨砂膏以减轻刺激。

购买护手霜前一定要先试用，好的霜体触感舒适，易于吸收，没有油性残留物，仿佛服帖的手套般给你的手部肌肤带来呵护。第五章介绍过不要使用以矿物油为主要成分的护肤品，因为这种产品触感油腻，而且会堵塞毛孔。而应该使用含有像植物油类强效抗氧化成分与营养成分的护手霜。

*** 法式风情的秘诀 ***

让双手焕发年轻光彩，最简单的办法就是收集各式各样的手套，并且经常戴！法国女性喜爱颜色鲜艳的皮手套或布手套，更换手套犹如更换太阳眼镜。切勿以为手套只是在冬天为双手保暖的工具，手套确实是必不可少的配饰。夏天也可以戴轻薄的棉手套，可有效抵挡紫外线辐射。

另外，爱涂指甲油的你，把指甲油放入冰箱，可以使其更加顺滑，效果更持久。

“法式美甲”并非来自法国

我始终不明白“法式美甲”名从何来，因为我在巴黎从没见过。

但是，法国人确实对指甲呵护有加。指甲的成分与头发一样，由死去的蛋白质构成，特别在冬季或者比较干燥的室内环境，它们会变得非常干燥脆弱。如果你喜欢经常美甲，洗甲水中的化学品以及指甲油本身都会刺激指甲使之更干燥。假指甲也含有化学成分，会损坏甲床，所以我并不推荐使用。法国女性不喜欢留长指甲，如果使用指甲油，我们会选择非常低调的中性色或经典的红色，但是现在我们也会开始效仿潮流，大胆尝试各种颜色的指甲油，特别是让脚指甲熠熠生彩。

手指甲和脚指甲护理的小窍门：

• 如果指甲边缘开始脱落，那就说明特别干燥，此时需要额外补水。荷荷巴油、鳄梨油、印楝油或杏仁油等都是不错的软化剂，沐浴后趁着指甲角质层非常柔软，将指甲浸入其中几分钟，或者涂几滴在指甲上进行按摩。你也可以在中性乳霜中加入几滴天竺葵精油或柠檬精油，增强指甲韧性。精华油和乳霜会逐渐被手指吸收，使手指变软。

• 切勿剪掉指甲角质层，以免感染。只需使用天然补水产品，印楝油或杏仁油，反复揉搓指甲，每天沐浴后用手指或毛巾擦拭指甲。最后，指甲会充分吸收天然精油养分。去美甲沙龙也要避免使用去角质棒，不仅因为它不卫生，而且还容易破坏角质层。如果你喜欢在家使用，则可以用柔软的棉花包裹去角质棒的尖头，以减轻对指甲的伤害。

• 使用指甲硬化剂。我喜欢 Herôme（爱龙）品牌的，我发现它是强健指甲的最佳产品，我的朋友都在用它，可在线购买，非常方便。

• 考虑摄入一种补充剂，帮助指甲生长。我喜欢 Phyto（发朵）或 Innéov（一诺美）品牌的产品，均可在线购买。

保持脚部柔软

护脚霜像护手霜一样令法国女性趋之若鹜，法国共有 24000 家药房，平均每 5000 人就拥有一家药房。我喜欢去药房购物，在法国我还没有见过哪一家药房没有专门的护脚霜柜台。然而，美国的药房却很少突出他们的足部护理产品，经常把护脚霜摆放在货架下层，很难让人找到。这确实可惜，因为对足部小小的保养就会有显著的成效。没有人希望自己的脚后跟有裂纹或者脚指甲脆弱易断，只要每天使用护脚霜，便可轻松解决。

寻找一款含有滋养植物和营养油的护脚产品，例如乳木果油、葡萄籽油和甘油，以及红葡萄叶和银杏，可以促进血液循环。与护手霜一样，护脚霜不应该油腻，而且需要立即就能吸收，不必担心走路时脚底打滑或者弄脏床单。睡前使用护脚霜，然后为双手涂抹护手霜，听起来很简单，但这是美丽的隐形法则。

旅程中的美丽手记

我喜欢一路上丰富多彩的经历，无论是出于公务需要还是纯粹享乐，都能乐在其中。

但是我并不喜欢去机场，机场排队的队伍似乎总是绵延不尽，航班经常会因为天气或其他原因延迟，后续所有计划都要推翻重来。我还要面对机舱中循环风的问题，飞行过程中机上平均湿度大约只有10%，比沙漠还干燥！

所以无论我去哪里，都需要制定一个旅程护肤程序，使肌肤保持在最佳状态。

登机前为脸部和全身补水，仔细涂抹保湿霜。实际上，你可以使用一层薄薄的补水面膜代替日常使用的保湿霜，在整个飞行过程中敷贴。不要忘记嘴唇和手，在手上涂一层厚厚的保湿霜，并且经常反复擦涂。

登机就座后，将手表时间调到你行程目的地的当地时间。这是一个心理策略，将帮助你调整并尽量缓解飞行时差反应。

我出门前一定不会忘记带耳塞和睡眠面膜。另外可以的话，在飞行时尽量不吃东西。我知道这不容易，特别是对于长途飞行更是如此，但飞机餐往往非常不健康，而且钠和其他防腐剂含量非常高，致使身体存储水分，浮肿得厉害。更不要说钠含量高会使血压升高，影响心脏健康。如果你需要长途飞行，而且知道会饿，可以携带苹果和香蕉等食物，因为它们可以让人有饱腹感，且容易消化。

大量喝水！要多喝、再多喝！我尽量不喝瓶装水，但这时我必须带一大瓶水。远离任何碳酸饮料，它会让你更加浮肿。

喝红酒不能超过一杯，因为酒精在高空会更加浓烈，而且会使身体失去太多水分。我喜欢晚上喝一杯红酒，在夜间飞行时饮一小杯红酒，有助于睡眠。

*** 法式风情的秘诀 ***

涂一层厚厚的护脚霜后，穿上轻薄的棉袜再入睡。这可以帮助护脚霜更好地吸收，而且不会弄脏床单或者在走路时打滑。这种装扮或许不够性感，但是一旦你开始这样做，你的双脚就会变得更加光滑。

法国人的香氛之恋

有什么比法国香水更有法国味道呢？对于全世界的女性而言，一瓶香奈儿 5 号香水或娇兰一千零一夜香水就是时尚高雅的代名词。

亨利二世的妻子凯瑟琳 · 德 · 美第奇是意大利人，她在 14 世纪 30 年代将文艺复兴时期意大利的香水技术带到法国宫廷。凯瑟琳非常喜爱她的调香师雷内 · 李 · 弗洛伦廷，这使得她在皇宫内修建了一条秘密通道，没有人能够赶在她之前闻到一丝备受珍藏的香气。1656 年，手套和香水制作协会“香氛手套大师”（Maître Parfumeur et Gantier）成立，自此香氛手套风靡一时。在路易十四和路易十五统治期间，香氛手套也极为流行，因为手套制造商想出了一种在皮革鞣制过程中注入不同香味的方法。现在，你可以在巴黎嘉布遣大道上的 MPG 精品店看到这些技术，并可以在店里购买到香氛手套和许多不同种类的香水。

路易十四特别偏爱鸢尾花根，被称为“香味皇帝”。这不仅让他的肌肤散发香气，而且他的衣服、假发、手帕、扇子、家具和喷泉都香气四溢。在他统治期间，巴黎开办了 300 多家香水制造厂，很快成为贵族们聚集的首选沙龙。他的儿子路易十五对香氛也十分痴迷，在路易十五统治期间，凡尔赛宫被人称为“香水皇宫”。法国大革命后，拿破仑每周都要用两升紫罗兰古龙水，每个月要用 60 瓶茉莉，而他的妻子约瑟芬则沉浸在麝香之中无法自拔，以至于她的房间在几十年后仍然香气弥漫！

得益于朝廷大臣们的光顾，香水行业繁盛起来。这在很大程度上归因于法国南部的气候条件，特别是南部小镇格拉斯，非常适宜种植茉莉、玫瑰、薰衣草、含羞草和柑橘，成为巴黎调香师们主要的供货场所，这一传统一直延续至今。

如开篇你们看到的，我一直喜欢香氛，从小就想从事香水行业。我会到格勒诺布尔，贪婪地嗅闻当地香水制造厂散发出的各种迷人香气。它们使我着迷，我可以很轻松地记得其中几十种香气。我母亲的朋友有时会顺便来访我家，我能闻出她们使用的每一种香水，让她们钟情的一般是娇兰的“蓝调时光”（L’Heure Bleu）。这会令她们十分惊讶，以为是香水喷多了的缘故。我的父亲看到这一幕深受触动，鼓励我到香水行业实习，于是在我只有 15 岁的时候，我在卡夏尔开始了第一份工作。香氛一直是卡夏尔产品中极为重要的一部分，所以在我 15 岁的豆蔻年华中身边尽是香水达人，他们是真正的香氛艺术家，让我的培训过程精彩纷呈。香气是通灵性的，当一款乳霜或洗面奶闻起来芳香怡人，不仅让你更加想要使用它，而且会为你带来一整天的愉悦。

The grape escape

美妙小葡萄花的自然能量

自然界能给我最深刻的启示力量，我特别喜欢将大自然赋予的最美好的恩赐与最具创新力的现代技术相结合。

与自然界和谐相处一直是我们家庭的生活哲学。当我父母搬到史密斯拉菲特酒庄时，那里的葡萄藤泛滥成灾，田地休耕，于是他们决定运用大自然的力量让这座酒庄重获新生。他们保留生物多样性，使用有机堆肥，有效利用自然信息素驱逐飞蛾和螨虫，防止葡萄腐烂，并种植花朵吸引蜜蜂和其他昆虫授粉。每一粒葡萄都由我们手工采摘，没有比这更天然的了。

当我需要放松时，会自然而然地来这座酒庄，这里唤醒我所有的感觉，身心舒畅得仿佛细胞都会充满快乐之感。每一丝的气息都弥漫着馥郁芬芳，那些独一无二的葡萄花散发出小黄瓜的香味。我们会用新伐的法国橡木制成酒桶，它的木香也同样令人陶醉。烘烤橡木为葡萄酒酿制做好准备，橘园温润如玉，微风拂过柏树，脆嫩欲滴，夕阳西下，啜饮的果茶弥漫着茗香。

但无论身在何方，周围的环境都能不断激励我。我一直深深地沉醉于纽约、香港、上海都市的繁华。在活力与灯光之中，它们是那么意气风发，令人振奋！我喜欢充满活力地开始一整天，当然，工作没完成的话，我不会在法式咖啡厅里拖延时间！

即使我离开了香水行业，香氛对我而言仍然极为重要。我喜欢喝酸橙茶，新鲜的薄荷茶，花园里采摘的蜜蜂花茶，来自南非辛辣刺激的路易波士茶，这些液体散发出的迷人香气令人心旷神怡。不同的葡萄品种拥有其独特的香味，从白苏维翁采摘的白桃和柑橘类水果清新怡人，卡本内苏维翁的则香甜浓烈，梅洛葡萄挂满颗颗红果，丰满成熟。

我的研发团队也一直赋予我灵感，在美妙的氛围里，你们会永远对工作充满激情。我会不断测试新配方，有时要经过上百次测试才能真正完成。无论他们努力奋斗的目标是什么，我发现人们专心致志、全力以赴的状态非常鼓舞人心。这不仅使我神采奕奕，还能开拓思路。

*** 法式风情的秘诀 ***

听取时髦的巴黎人的建议：在一块棉布手帕上喷上你最喜爱的香水，然后放进手提包。每当你打开包，一切都芳香四溢。你也可以把带有香味的手帕放到皮手套内侧，让手套也散发香气。另一个建议是向电影《七年之痒》中的玛丽莲·梦露学习，把香奈儿 5 号放到冰箱里。千万不要把香水放在浴室或靠近窗户的架子上，因为热气和湿气会影响香水的效力。

爱上你的香水标签

大约 12 岁时，我最喜爱的一种香味就是葡萄柚。那年夏天，我的母亲去罗兰·加洛斯球场观看法国网球公开赛。她带回来一瓶名叫“Double Mix”（超级混搭）的香水，这是专为赛事定制的香水。柑橘味的后调特别浓重，我对扑鼻的葡萄柚香气简直欲罢不能。母亲把这瓶香水给了我，因为当时她正沉浸在雅诗兰黛仙妮芭香水的香味中无法自拔，透过名字便可以想象这款香水有多浓烈、辛辣。即使未见其人，我也总能知道是母亲回来了，因为我能先闻到她身上散发出的香味。这快把我的祖母逼疯了，因为她只喜欢老式的、非常清淡的香味，仙妮芭与祖母的品位完全背道而驰。多年以后，母亲才找到另一款标志香水。

而我并不在意这点。几乎每一位与我相识的女性都对母亲有美好的童年回忆：羡慕地注视着妈妈梳妆打扮，喷上香气四溢的香水然后外出就餐或参加派对，默默感叹自己的妈妈多么成熟，多么富有魅力！

我的一些朋友或同事会坚持使用一种标志香水，一旦找到完美契合自己性格的香水，她们会激动不已。为此我也感到愉悦，因为在她们进房前，我就已经知道是谁了。这种标志香气还会让人想起第一次在她身上闻到这种味道时的情景，即使时隔多年，你甚至还记得当时你们在做什么！还有人乐意称自己是“香水贩子”，她们会不断购置新香水，有时是为了搭配当时的心情或者装扮，有时只是因为那款香水的味道让她在那一天心情愉悦。香味是一种带有个人喜好色彩的事物，因此不能用对错来评判。当然，如果你过度使用气味令人无法忍受的香水，这点又要另当别论。请记住，最重要的是在你打造时尚造型或精致妆容时，香水能令你感到开心，增添活力。将香水视为你衣柜里最有效的配饰之一，就像太阳镜或高跟鞋一样可以交替搭配。香水是使自己变得与众不同的最简单的方法，因为人与人之间的香水味没有完全相同的。

你还应该相信自己的直觉，闭上眼睛，只靠鼻子去嗅闻，再确定你是否喜欢它。如果你不确定香水中含有什么成分，便难以确切形容这种香味。别只被包装吸引，香水瓶可能看上去非常别致，但这只是外在，只有里面的东西才能让你真正下定决心。我嗅闻过很多香水的味道，其中有一些最奇妙的香水完全凭味道取胜，特别是我喜欢的独立品牌，他们更加关注香水本身而非包装瓶，而你只有喷在身上才能知道这是什么感觉。

一款香水在转为醇郁的过程中会经历不可思议的变化，我还建议你不要在第一次闻到香水的味道时就果断购买，因为一款优质香水的味道分为若干层次：第一次闻到的味道是前调，一两分钟过后的味道是中调，而后调才是香水最真实的味道，弥留不去。如果你真的对香水感兴趣，可以访问 www.basenotes.net 或 www.osmoz.com 这两个网站，上面详细介绍了上百款不同香水的前调、中调和后调，有助于你更好地了解香水成分。根据自身独特的化学反应，你可能发现自己喜欢或者厌恶与起初闻到的味道完全不同的香水，抑或有时你发现一款香水，在朋友身上散发出奇妙的味道，但是在你身上却没有这种效果，这会让你非常失望。因此，不要使用测试棒，亲自在自己的肌肤上试一试，这是获得确切结果的唯一方法。香水就像衣服，挂在衣架上可能很好看，但当你穿上身的时候，要么显得你体形宽大，要么凸显不出效果，只有亲身体验方知结果。

对我而言，香水如同穿在身上的乐曲。如果曲调不对或香味不适合你，就会令人烦躁；如果乐曲美妙动听，合乎心情，香水就会闻起来怡人，令你快乐振奋。

何不大胆尝试，并乐在其中！使劲去尝试各种香水，直到找到适合你的那一款。许多商店都乐意提供试用装，但一次不要试用太多，否则会难以区分，需要让香水随着时间的推移挥发出真正的味道。每次试用不要超过两款，每只手腕各试用一款，一定不要弄混。如果想要尝试其他，那也不要犹豫，直接回店里试用其他产品！邀请朋友过来开一个香水派对，试用彼此的最爱。可以随季节来变换香水，在炎热的夏季闻起来清新迷人的香水，到了寒冷阴暗的冬季可能过于清淡，这时你需要一款更加浓郁、更加强烈的香水。

世界上有上千种迷人的香水，皆由才华出众的调香师精制而成。LuckyScent（幸运香氛）网站介绍了一些最独特、最大胆的精品香水，虽然这些香水十分昂贵，但是你可以在网站上购买价格低廉的小瓶试用装，这样你就可以用上前所未知的一款香水了。或许，你会立即爱上它的香味，谁知道呢?

晨曦里一株可爱的黄玫瑰

正如你们所知道的那样，我个人偏爱非常自然的香水味，而欧缇丽所有的香水灵感都来自葡萄园里许多令人陶醉的香味。欧缇丽香橙明媚活力淡香水源自酒庄的冬季花园，橙树、橘树和柠檬树争奇斗艳，橙花油和橙叶的馥郁香气使空气中弥漫着芳香的味道，而室外寒风刺骨，与之形成鲜明对比。欧缇丽果香夏日清新香水充满果香与清淡的味道，非常合适夏季使用; 欧缇丽魅惑香氛透露着麝香的味道，日落时分，微风拂过，香气飘荡，味道由此激发；清晨清新活力淡香水是一款新鲜花香型香水，让你不禁联想起春天葡萄园里花朵争相绽放的情景。

浪漫清幽玫瑰香水会使我想起父母在葡萄园里每一棵葡萄树边种上的

可爱黄玫瑰，如果脆弱的玫瑰开始出现生病迹象，则意味着需要对葡萄树加以治疗。玫瑰的花香不仅沁人心脾，而且还能照看珍贵的葡萄，是不是很神奇？我想要在清晨捕捉玫瑰的第一缕香气，花瓣沾染着露珠，混合着挂满水露的葡萄树所散发出来的清新泥土味，和一阵阵鲜绿色树叶所带来的叶绿素气息。

我想要一款综合、现代、清新的玫瑰香氛，它的味道既不过时，也不单调。我还想把玫瑰的甜美韵味与大黄的新鲜涩味相融合，这是我最钟爱的味道。我还想打造一款香水，味道轻快、新鲜、娇柔、性感。终于，历经数月无数次的测试，终于研制出我想要的味道。它前调散发着玫瑰和大黄的味道，中调透露出山谷木兰和百合花的味道，后调则是麝香和琥珀的味道。

我的朋友们都知道我不是玫瑰香水的狂热爱好者，所以当我喷上这款玫瑰香水后，她们捉摸不透的反应着实有趣。她们经常会说："嗯，闻起来不错，味道清新，你用的什么香水？"然后，我会非常激动地据实以告。

*** 法式风情的秘诀 ***

当你闻过几种新香型之后，鼻子便会丧失辨香功能，无法区分香味。有一个小技巧：闻过一种香味之后，深吸一口新鲜咖啡豆的味道，然后再闻下一种香味。这样可以"还原"嗅觉，让你可以再次开始试闻。因此，世界各地的香水店柜台上都会摆放着一小杯咖啡豆。

The grape escape
Vinothérapie
Pulp friction massage
Once upon a vine
The grape escape
Pulp friction massage

Delicate
GRAPESEED OIL
500mL

第八章

藏在厨房里的护理秘方

量身定制自己的护肤方案非常简单并且一点都不昂贵，特别是既省钱，又安全的自制面膜。定期敷用它们，你的肌肤会吸收养分，看起来光彩照人。

许多面膜含有原味无糖全脂酸奶，酸奶对你的肌肤来说也是一个绝佳美味的“食物”，它富含乳酸，这是一种温和的去角质成分，可以收缩毛孔，补水保湿，为肌肤提供精致的呵护。面膜中经常使用的另一种成分是蜂蜜，蜂蜜含有天然抗生素、抗病毒素，具有舒缓镇定、补水保湿的功效，而且闻起来十分诱人。在我的产品中，我会大量使用蜂蜜，因为它可以加速愈合，预防感染，还可以使水分贴合肌肤，让你的肤色变得柔润光泽。

在这一章节中，我将按照肌肤类型来阐述天然自制配方，即便你喜欢在店铺里购买产品，也可以帮你了解并提升产品的使用功效。我喜欢自制配方，因为不用花大价钱，就能尝试众多不同的产品，或者不必坚持使用某款产品才能知道其是否有效。下面我将介绍从家族，以及法国和全世界欧缇丽护理专家们那里获得的最佳自制配方。

申明一下：无论使用哪种成分，必须选用最佳品质产品，使用有机水果和蔬菜，冷压有机油、生蜂蜜、有机奶等，这一点非常重要。如若不是最佳品质的成分，就无法发挥作用。你一定不想把非有机产品上的农药或其他化学物质残留物敷到肌肤上吧。

*** 法式风情的秘诀 ***

减轻肌肤充血现象，同时补水保湿的一个最简单的方法就是使用黄瓜。黄瓜一定要冰镇，需要在冰箱冷藏至少 20 分钟。将黄瓜切成薄片，躺下来，将黄瓜片贴满整个脸，10 分钟后拿掉。

干性肌肤或缺水性肌肤

如果你是干性肌肤或缺水性肌肤，需要加倍呵护使其保持光滑水润。你应该每天使用精华液，并在夜间使用特效乳霜，里面的活性成分会渗透肌肤并发挥作用。选用温和的洁面乳，再用温和的爽肤水为肌肤补充水分。尽量不要使用热水洗脸，这会使肌肤变得非常干燥。此外，面膜可以为肌肤额外补充水分，所以要养成定期使用面膜的习惯。

精华液也混搭

我喜欢自己配制精华液，你只需在精华液中加入一两滴精油，就能发挥疗效。你还可以在早上尝试使用保湿精华液，在夜间使用排毒精华液，帮助消除肌肤一天的紧张与疲劳。

1999 年，欧缇丽之源葡萄水疗 SPA 在波尔多开业时，美容师请我研制配方去混合不同精油在精华液里，因为我了解哪些精油混合之后会有效，特别是能够解决我们顾客可能存在的特定肌肤问题。你在家为什么不试试呢？网上有许多声誉卓著的药草商网站，它们销售各种精油、包装瓶以及其他物品，大部分精油并不贵，可以使用很长时间，另外在保健食品店和一些药房也有精油出售。调配自己的精油的时候，要用带瓶塞的深色玻璃瓶来装，并为它们贴上标签。在瓶中注入 95% 基础油或你所选的植物油，然后每种精油分别滴入几滴，注意精油不应超过总体配方的 5%。你可以按照自己的需要混合搭配，并且要记得存放在阴凉遮光处。

你可以用大约 6 滴这种调配的精油代替平时使用的精华液，你还可以在使用保湿霜前先抹上几滴，在泡澡的时候往浴缸里加入不超过 20 滴，或者将几滴混合在润肤乳中使用。听起来是不是很简单？

补水保湿护理

基础油：葡萄籽、榛子、荷荷巴油、杏仁、麝香玫瑰
精油：玫瑰，玫瑰草

排毒养颜护理

基础油：葡萄籽、麝香玫瑰、甜杏仁
精油：薰衣草、酸橙叶、橙花油、胡萝卜籽、檀香

平衡调理护理

基础油：葡萄籽、荷荷巴油
精油：胡萝卜、猫薄荷、桉树、柠檬、柠檬草、蜜蜂花

纤体、消脂护理（仅用于身体部位）

基础油：葡萄籽
精油：柠檬草、柠檬、杜松子、柏树、迷迭香、天竺葵

抗氧化、抗皱护理

除了每天使用护肤品之外，每周使用一次具有抗氧化、抗皱功效的面膜。

番茄抗氧化面膜

1 个中号番茄，用叉子捣碎。

1 茶匙蜂蜜。

1 茶匙牛奶。

1 茶匙面粉。

- 将所有原料混合在一起；
- 涂在脸上敷 15 分钟；
- 用温水洗净。

提亮肤色、淡斑护理

除了每天使用护肤品之外，每周使用一次具有提亮肤色和淡斑功效的面膜。

草莓亮肤面膜

取几颗草莓，用叉子捣碎混合直到质地顺滑。

1/3 杯至 1/2 杯原味酸奶。

混合草莓与酸奶，涂满整个面部。

敷 15 分钟再用温水洗净。

去角质护理

如你们所知，我会在深层去角质磨砂膏中加入一点具有洁肤功效的混合物，你可以每周使用这种面膜 1~2 次。

维生素 E 酸奶面膜

2~3 粒维生素 E 胶囊。

1/3 杯至 1/2 杯原味酸奶。

- 打开维生素 E 胶囊，倒入酸奶中搅拌均匀；
- 涂满全脸敷 10~15 分钟；
- 用温水洗净。

牛油果蜂蜜酸奶面膜

1/2 个牛油果，去核。

1 茶匙蜂蜜。

117 毫升（4 盎司）原味酸奶。

- 将所有成分搅拌均匀；
- 涂满全脸敷 20 分钟；
- 用温水洗净。

* 这个配方也可以用作发膜，可使头发即刻健康亮泽。

中性肌肤

你真幸运！你几乎可以使用任何护肤品，请放手尝试。但不要以为这样就可以随意对待你的肌肤，你仍然需要每天洁面，每周去一次角质，并补水，当你的家中或办公室里空气干燥时尤其应该补水。

提亮肤色、淡斑护理

这个配方会立即使你的肌肤容光焕发，而且制作方法特别简单：用1茶匙速溶燕麦片加足量的水混合成糊，把它轻柔地抹在脸上，然后冲洗干净。这个配方适合所有肌肤类型。

去角质护理

这款磨砂膏也非常适合干性肌肤。

燕麦橄榄油磨砂膏

1/2 茶匙普通（非速溶）燕麦片。

1/3 茶匙糖。

1 大勺橄榄油。

- 将所有原料混合到一起；
- 轻柔地抹在脸上；
- 用温水洗净，用毛巾轻柔擦干。

自制急救面膜

如果你感觉肌肤有点儿干或没有活力，可以使用下面推荐的这些面膜，或者根据你的喜好，选用其他章节推荐的面膜。每周使用一次。

香蕉蜂蜜面膜

适合所有肌肤类型。

3 大勺希腊酸奶。

1 根香蕉，捣碎。

1 茶匙蜂蜜。

• 将所有成分混合到一起；

• 敷在脸上 20 分钟；

• 用温水洗净。

排毒养颜面膜

中性肌肤不用像其他肌肤类型一样需要很多护肤品，使用这款排毒养颜面膜就能净化肌肤，抵御环境侵袭，特别是防止环境污染对肌肤造成伤害。它会消除脸部瑕疵，让肌肤柔软光滑。这款面膜也适用于所有肌肤类型。

1 茶匙酿酒用的酵母。

1 茶匙牛奶。

1 茶匙蜂蜜。

约 87 毫升（3 盎司）原味酸奶。

玫瑰水（可选）。

• 用一个小玻璃碗混合搅拌酵母和牛奶，在温暖的地方放置 30 分钟，你可以放到暖气片上，也可以关闭烤箱后再放进去，或在晴天时放在窗户附近的架子上。你应该会看见牛奶冒泡。

• 搅拌蜂蜜和酸奶；
• 敷在脸上 10 分钟，用温水洗净；
• 擦拭玫瑰水，紧致毛孔。

蜂蜜柠檬面膜

这款面膜拥有双重功效：补水保湿和去角质。蜂蜜为肌肤补充水分，而柠檬汁中的酶将帮助去除已代谢的肌肤细胞。

1/4 杯蜂蜜。

1 大勺柠檬汁。

• 搅拌蜂蜜和柠檬汁，直到顺滑；
• 涂满整个脸；
• 敷 10 分钟后用温水洗净。

法国贵族的自制护肤品秘诀

回到几个世纪前贵族统治法国的年代，法国贵族女性为了在国王、丈夫或情人面前展现完美的自己，她们一直注重美容保养。她们无休止地试验当时可以使用的护肤品，使她们保持脸色红润，神采奕奕。

黛安·德·波迪耶（1499—1556年）

黛安·德·波迪耶是法国国王亨利二世挚爱的情妇。她的肌肤总是闪耀着迷人的光泽，因为她每天清晨都有一套例行活动，比如起床后的冷水浴，然后长时间骑马。尽管这种生活习惯很健康，但是法医检测她的遗体时发现她的骨头里有汞，头发含有大量黄金（法国大革命时，她的陵墓遭到亵渎，尸体被转移，若干年前人们挖出了她的遗骸）。法医们推断她曾经饮用液态黄金，误以为这可以使她的肌肤保持年轻。她非常幸运，并非因此香消玉殒。

蓬帕杜夫人（1721—1764年）

“香槟是唯一能让女人喝了变美的葡萄酒。”

法国国王路易十四的情妇蓬帕杜夫人并不是出了名的大美女，相反，她经常被人说成长相一般。但是她拥有传奇般的魅力，许多人认为她是他们见过的最可爱的女人之一，这就是法国人的独特魅力！蓬帕杜夫人对肌肤加以完美呵护，用柠檬汁作为爽肤水，将新鲜的胡萝卜汁和一茶匙蜂蜜或者橄榄油混合进行补水，用鲜奶油和柠檬汁特制面膜敷脸。发现了吗？她早在化妆品公司诞生之前很久便知道使用果酸护肤。

玛丽·安托瓦内特（1755—1793 年）

玛丽·安托瓦内特喜欢沐浴，特别喜欢在浴缸中加满具有排毒效果又很美味的香槟。她用平纹细布浸泡麸糠去角质，并使用香草、佛手柑和琥珀合成的香皂。如果她的肌肤看上去黯淡无光，一片蛋清面膜能够帮助她清理堵塞的毛孔。她每天晚上都会戴上附有蜡、玫瑰水和甜杏仁油内衬的手套。今天的美甲沙龙经常使用手蜡护理，她可谓这方面的先驱。她那个时代只有两种扑面粉，一种是白珍珠磨成粉加醋和蛋清，这种扑面粉会有一点味道，另一种是用毒性铅制成的滑石粉，久而久之会致命。她面色红润，我猜可能是将南美洲胭脂虫碾碎混合敷脸所致，至少这没毒。

约瑟芬皇后（1763—1814 年）

约瑟芬从小在加勒比马提尼克岛长大，她来自富有的克里奥尔家族，她从自家甘蔗种植园务农的农民那里学习了很多美容技巧。早上，她会喝一杯掺有少许柠檬汁的水，然后用浸染樟脑油的纱布洗脸。她用新鲜的芦荟胶与牛奶或奶油混合制成洗面奶，牛奶中的酸可以有效去角质，芦荟胶可以起到补水作用，完美地结合了磨砂膏与保湿霜的功效。你也可以在家尝试制作这款“约瑟芬皇后”洗面奶，听起来就很有效！

油性肌肤或混合性肌肤

油性肌肤最大的问题通常是油光满面，有痘痘、黑头，而且毛孔粗大。因此，需要净化肌肤但不会侵蚀肌肤的成分，如果你有痤疮，使用粗糙的抗菌药膏或磨砂膏常常会使肌肤发炎，令问题变得更加严重。而另一个适合你的选择就是精油，精油既舒缓又补水，通常有很好的清洁功效。我的首选是榛子油和葡萄籽油，因为它们稍微发涩，而且不油腻。

混合性肌肤往往是某些部位容易出油，比如 T 字区，而脸部其他区域要么正常，要么发干，特别是冬季更甚。如果想驱走油光，但又不想使肌肤干燥，那么你需要复合的配方。你可以使用你喜欢的任何一款洗面奶，但是记住，千万不要过度清洁或过度揉搓肌肤，因为这会除去脸上的保护油脂，反而会使肌肤为了补偿失去的油脂变得更油。

控油洗面奶

要想清除多余油脂，可在你最爱的洗面奶里混合几滴葡萄柚精油、鼠尾草精油或雪松精油。

夜用精华液

你可以自制精华液，在几大勺荷荷巴油或葡萄籽油中混合几滴薰衣草精油和茶树油，或柠檬、柠檬草、桉树、芳香薄荷和蜜蜂花精油，把它装入一个有滴管的小玻璃罐里。夜间使用。

保湿霜非必选

如果肌肤很油，你可以放弃使用保湿霜而只使用眼霜，因为眼部周围肌肤往往比脸部其他区域更加干燥。

提亮肤色、淡化色斑护理

参见其他肌肤类型建议。

去角质护理

燕麦蛋清磨砂膏

1 个蛋清。

1/2 大勺普通（非速溶）燕麦片。

1 茶匙柠檬汁。

1/3 茶匙盐。

- 将所有原料混合到一起；
- 轻柔地抹在脸上；
- 用温水洗净，用毛巾轻柔擦干。

去黑头的小苏打糊

1 茶匙小苏打。

水。

- 将小苏打和水混合成糊状；
- 按摩鼻部区域 30 秒；
- 用温水洗净，用毛巾擦干。

收敛面膜

少量使用例如柠檬、黄瓜、蜂蜜或酸奶等收敛的成分，即使是油性肌肤，仍然需要添加柔和平衡的成分，杏仁油、荷荷巴油、薰衣草精油和玫瑰水都能有效平衡肌肤油脂。

紧致毛孔面膜

1 个蛋清。

1 大勺蜂蜜。

1 大勺面粉或玉米淀粉。

- 用叉子搅拌蛋清，直至起沫；
- 缓慢加入蜂蜜和面粉或玉米淀粉；
- 敷在肌肤上 15 分钟；
- 用温水洗净，用毛巾擦干。

敏感性肌肤

敏感性肌肤最好尽量减少护肤品的种类，而且护肤品的成分越少越好。敏感性肌肤特别需要镇静抗敏护理，使用前需要测试每一种新产品来观察是否过敏：只需将少量产品轻拍到手臂内侧，等待 10 分钟，看看肌肤是否有任何反应。

芦荟保湿霜

即使是最敏感的肌肤，使用新鲜的芦荟胶也足以使之舒缓镇静。芦荟胶对晒伤也有奇效。如果你能找到一片芦荟叶，可以将它切开，将芦荟胶抹到肌肤上。你也可以在药房和保健食品店购买纯芦荟胶。这也会帮助你紧致毛孔，同时稍加补水。

柔性爽肤水

避免使用以酒精为主原料来调配的爽肤水。

面膜及其他护理

敏感性肌肤最好不要使用自己配制的面膜及其他护肤品，坚持使用含有低致敏成分的护肤品即可。

＊法式风情的秘诀＊

眼霜也可以用在嘴唇周围，你也可以自制唇部磨砂膏，将非常少量的细颗粒状的红糖与蜂蜜混合，轻柔地抹到嘴唇上，然后舔干净！

身体护理，去角质也紧致

欧缇丽卡本内去角质身体紧致霜

这款磨砂膏的好处就是，你可以根据自己的喜好配制，多加糖的磨皮效果更佳，多加葡萄籽的揉搓效果更好。这款产品味道极其好闻，你还可以加入几滴自己喜爱的精油，让它具有特定疗效并散发香甜味道。柠檬、天竺葵、玫瑰、薰衣草、迷迭香或檀香都是不错的选择。

1/4 杯有机红糖。

两大勺葡萄籽（可以在线购买葡萄籽）。

1/3 杯的葡萄籽油（如果需要，可加入更多）。

1/4 杯有机蜂蜜。

几滴精油（可选）。

• 将红糖和葡萄籽放入微波碗内；

• 倒入葡萄籽油，直到红糖和葡萄籽完全融合，如果需要，可加入蜂蜜和精油，搅拌均匀；

• 在微波炉中加热 20~30 秒（可选）；

• 加入少许保湿霜；

• 沐浴前先用它按摩肌肤至吸收，重点按摩手脚、膝盖和大腿后部；

• 用一块毛巾或滚轮工具按摩，同时入浴，然后洗净；

• 在湿润的肌肤上涂抹润肤霜。

排毒加舒缓

白醋排毒浴盐

这将帮助你排除身体毒素。

约 234 毫升（8 盎司）白醋。

1 大勺小苏打。

两把粗盐。

- 将所有原料加入到洗澡水中；
- 身体浸润 20 分钟以上。

别忽略了指甲

健康指甲油

这款指甲油将滋养修复你的指甲。

1 大勺摩洛哥坚果油。

1 大勺葡萄籽油。

1 大勺柠檬汁。

1~2 滴柠檬精油。

1~2 滴天竺葵精油。

1 大勺蜂蜜。

- 将所有原料混合到一起；
- 根据需要涂抹到指甲上，涂抹均匀。

亮泽指甲油

两大勺小苏打。
约 29 毫升（1 盎司）温水。
- 将小苏打加入水中，直至完全溶解；
- 将指甲浸入混合液中 10 分钟；
- 用水洗净。

发丝如绸缎

这些护理方法既简单又经济，可以使头发立刻变得光滑亮泽。快跟着我一起，尝试每周使用一次下面介绍的发膜吧！

光泽亮丽

这个神奇的配方是我的祖母教我的，它不是世界上最考究的配方，但非常有效。它会使你的头发得到充分滋养，如丝绸般光泽亮丽，同时可以涂抹在身体上。

蛋黄与朗姆酒发膜

两个搅匀的蛋黄。
5 大勺黑朗姆酒或淡朗姆酒。
1/4 杯橄榄油。
1/4 杯葡萄籽油。

- 将所有原料混合，直到成为顺滑乳状；
- 涂抹到头发上，停留至少 30 分钟，最多不超过 60 分钟；
- 像往常一样用洗发水洗净。

牛油果和橄榄油发膜

两个牛油果。

几大勺橄榄油。

- 将牛油果和橄榄油放入搅拌机搅拌，直到变成糊状；
- 涂抹到头发上，保持 10~15 分钟；
- 像往常一样用洗发水洗净。

Part four

法国女人钟情
的无妆之美

第九章

忘记你脑海中的妆容大片吧

十几岁的时候，我到美国加州参加“River Way Ranch Camp”夏令营，真的令我大开眼界。正如前文提到过的，我和好友娜塔莉、塔妮娅若无其事地脱光上衣晒日光浴，震惊了我们的美国小伙伴。同时，美国的一项特别潮流也让我们无言以对。我说的是化妆潮流！

我和在格勒诺布尔的朋友、同学们一样，一直攒零用钱，直到足够迈进当地香水商店的大门，买下了人生第一件化妆品：娇兰 Terracotta 古铜粉饼。它装在一个纯棕色的小粉盒里，我们跑回家迫不及待地涂在脸上，看着镜中的自己感觉如此成熟有魅力！当然，那时的我们毫无化妆技巧可言，所以看上去有点装扮过度。但不管怎样，我们还年轻，正在通往拥有成熟女性气质的康庄大道上。

当我和娜塔莉、塔妮娅打开我们小巧的行李箱的时候，我们的美国室友也打开了她们巨大的行李箱，简直让我们目瞪口呆！她们除了最上面几套运动服和睡衣之外，下面全是化妆品，我们还从来没有见过如此多的化妆品。一包又一包不同颜色、不同大小的化妆品，一罐又一罐的发胶。我仍记得有一个女孩拿出了 14 罐发胶，整齐地摆放在床头架上。她整理头发的方式是我从未想象过的。哈！如果她日后成为一名发型师，我一定不会惊讶。

那年夏天，我学会了化妆。我从来没有化过那么浓的妆，在那之后也没有再那般浓妆艳抹。美国室友们觉得我们太可怜了，只带了一小瓶保湿霜和视若珍宝的 Terracotta 古铜粉饼，她们无法相信我们只有这么点化妆品。她们会一直坐在床上尝试各种彩妆，并且很开心地告诉我们，她们上课的时候会早退，在学校的盥洗室里化上浓重妆容，然后到回家前再快速清理干净，以免被她们严苛的父母找麻烦。她们小心翼翼地为我们化妆，还把眼影借给我们用，并且很乐意把所有的化妆技巧教给我们。

不过我和朋友们回到法国后，就把她们教我们的一切化妆术都抛诸脑后了！因为我们认识的法国人里面，除了常用的古铜粉饼之外，最多也就再抹点睫毛膏和淡色唇彩，不会再化更多妆容。

我 18 岁到巴黎上大学时，也还是基本没化妆。直到 23 岁时，那天我和贝特朗需要为我们的公司欧缇丽筹措资金，为了看上去更显成熟我才郑重其事地化了妆。我从母亲那里借来一件套装，把头发挽成圆髻，并在脸上涂脂抹粉，让银行人士认为我是一个可靠的成年人——一个闪耀着健康肤色的人。现在想来可以说这个举动还是非常有效的。

还有，我在写作这本宝典时曾向法国著名化妆师德尔芬 · 西卡尔征求建议，所以你会了解到如何让妆容看起来十分好看又非常自然。

欲罢不能的法式妆容

从健康的肌肤开始

哪怕顶级化妆品也无法掩盖暗哑无光的肤色，请务必时刻保持肌肤水润光泽。

追求裸妆感

美国女性的化妆手法可谓巧夺天工，令法国女性羡慕不已。她们总能把握新的色彩与质感潮流，知道使用新产品打造时尚造型的所有技巧。但是，问题在于工程浩大，保养程序烦琐，法国女性敬谢不敏。

法国女性不喜欢浓妆艳抹。法国大革命前，皇室一度热衷把脸扑白，抹朱红腮红（用碾碎的甲壳虫制成——多么有趣！），最后还要巧妙地点上黑色美人痣。革命爆发后，她们把脸擦拭干净，东躲西藏，害怕被送上断头台。从此以后，法国女性再也没有化过这么浓的妆。

这正是法国人不懈追求“自然清新裸妆”(Done-but-not-done look)的原因，我们会略施粉黛，但是不希望太明显，所以我们极少使用眼影，最多也就用点淡色眼影或画一条极细的眼线。

这种法式妆容手法简单，造型别致而且十分经济。是的，越简单越精致。

只需非常少的时间便能掌握，无论什么样的场合或者搭配什么风格的衣服，法式妆容都不会让你失望。

我化好妆啦

法国女性喜欢简单的化妆步骤，让她们能用最少的时间化妆，看起来光彩照人又不失专业素养，妆容更不会太过显眼。我的化妆步骤非常简单，只需一两分钟便可完成。

一丝凌乱更诱人

我认为美国和亚洲女性在完美这方面做得比法国女性要好。你们总是非常熟练地把一切打理妥帖——美丽精致的脸庞，完美无瑕的指甲，时尚漂亮的发型。法国女性在出门前将自己打扮得像样即可，甚至我们可以容忍自己的造型有一丝凌乱。若需说出其中缘由，我们会耸一耸肩，称自己还有许多事要做，没时间打扮，即使事实并非如此。

你想凸显哪一部分

明眸善睐？不错！可以用睫毛膏大胆化一个烟熏妆，搭配低调、非艳丽的唇彩。或者，想尝试烈焰红唇的魅惑？那就在精心涂好唇膏后，刷上一层薄薄的睫毛膏，不至于给人喧宾夺主之感。简单来说，我们希望一次只凸显一个部分，呈现你最美的一面。还有，别忘了打上玫瑰色的腮红，NARS 品牌的“潮红”色号便是不错的选择。

成也粉底，败也粉底

“无粉底，不化妆”，这是众多美国女性对粉底的看法；而法国女性则普遍认为，粉底并非不可或缺。你瞧，人们看待化妆的某个特定观点竟然天差地别。

马克斯 · 法克特（Max Factor，是的，除了你们熟知的彩妆品牌蜜丝佛陀与之同名以外，历史上确有其人，英文中表示“化妆”的“make up”一词即由他首创）发明了粉底霜，最初用于 20 世纪 30 年代好莱坞的电影化妆。彩色电影诞生后，在明亮、刺眼的灯光照射下，演员脸上的每一处瑕疵都纤毫毕现。他发明的粉饼堪称有神奇功效，能够不着痕迹地掩盖瑕疵，均匀肤色，让演员在大银幕前展现完美的自己。这种厚实的粉底飞入寻常百姓家之后，美国女性对之爱不释手，趋之若鹜。时至今日，一款优秀的粉底（如蜜丝佛陀的粉饼）仍然具备以下功效：均匀肤色，淡化瑕疵，凸显女性五官的特点。然而，物极必反，滥用粉底无助于美化妆容，反倒给人刻意虚饰之感。事实上，浓妆比较显老——在我 23 岁的时候，为了在与银行人士会面时显得成熟稳重，就曾尝试过这种妆容。

无论年龄几何，如果肌肤已呈最佳自然状态，则不必使用粉底，因为粉底会使人注意到你脸上的毛孔和皱纹。我们更喜欢古铜色粉底液或有色隔离霜，可轻薄覆盖面部，使面颊呈现自然光泽。另外需要注意的是，有色隔离霜含 15% 的矿物颜料，粉底含 30%，遮瑕膏含 40%。

我在第一章里介绍的法国女明星们经常在出席红毯、宣传工作的时候使用较厚的粉底。然而，我从来没有见过她们在远离公众视野时使用粉底，因为她们知道日常妆容并不需要粉底。

当然，如果你喜欢粉底，感觉它可以改善你的外表，那么敬请安心使用。市面上的粉底不计其数，所以你需要慢慢尝试，务必选择最轻薄、同时具有遮盖效果的粉底。直到找到可以改善肤色的那一款，避免像面具一样掩盖真我。

不要忘记颈部！粉底切忌只涂到下巴！首先为颈部做好保湿，然后将粉底从前额到整个颈部涂抹均匀。

德尔芬分享了一个挑选粉底的诀窍，只需在化妆品柜台做一个简单的测试即可：将少许粉底涂到T字区，涂抹均匀。向店员要一面镜子，然后到室外观察这款粉底是否与你的肤色相衬。你需要在日光下查看效果，因为商场的荧光灯会使颜色失真，你看到的并非真实的效果。

完美修容的遮瑕膏

正如粉底一样，遮瑕膏不宜使用过多，只要使用得当，少许遮瑕膏即可带来完美妆容，成为必不可少的单品。我出门一定会带着它，一般在早上使用，如果晚上需要出门，我也会在晚上再补一次。

用无名指将遮瑕膏涂在眼睛下方或面部有瑕疵的位置上，然后涂抹均匀。我喜欢使用YSL品牌的Touche Éclat明彩笔，因为它特意添加了珍珠般的光泽，使肌肤看上去光泽剔透。最好寻觅一款既保湿又接近自己肤色的遮瑕膏，或者选择一款同样具有遮瑕效果的有色隔离霜。

*** 法式风情的秘诀 ***

彩妆绝对不能直接涂抹在肌肤上。为了更好地上妆，至少需要涂一层保湿防晒霜或保湿霜来滋润肌肤，特别是方便后续使用粉底或遮瑕膏。这个步骤可以有效隔离化妆品中的不利成分，例如色素、硅等化学品，这些成分应该停留在肌肤表面，而不宜被肌肤吸收。

智选妆前乳

妆前乳或者 BB 霜、CC 霜在亚洲也越来越盛行，因为它可以均匀肤色，让肌肤细腻光滑。但是切记，妆前乳并不是保湿霜。以硅为主要成分的妆前乳会令肌肤脱水，反而使面部泛油光。务必寻觅一款安全的妆前乳，检查产品标签上成分表前三位，并确保其中没出现硅的成分。或者，你也可以尝试选择一款具有类似妆前乳效果的润色保湿霜。

使用古铜粉饼代替腮红

我爱的第一件化妆品便是古铜粉饼，现在仍然经常使用，特别是在比较寒冷的季节，我需要某样东西来抵抗阴郁沉闷的天气，让我的双颊明亮起来，继而带动起充沛的精神。我最喜欢的有色隔离霜有 Teint Divin 矿物亚光古铜粉饼和 Laura Mercier（罗拉玛斯亚）品牌的 Tone on Tone 矿物蜜粉，这两款产品均可给予你健康日晒后的自然光泽。然后，我再用古铜粉饼稍加修饰，在双颊上涂上一抹腮红。

*** 法式风情的秘诀 ***

你是否觉得自己此时需要一点色彩，却发现忘记带腮红？没关系，将保湿霜涂抹在脸颊上，使脸颊光滑，蘸一点唇膏涂在脸颊上，然后用指尖涂抹均匀。只要一点就足够，如果涂抹太多，会很难快速清除，所以一定要少量使用。

对于肤色非常白皙的人来说，用古铜粉饼往往会显得更加自然，因为大多数粉底通常底色为黄色，而古铜粉饼底色采用粉色，更易与肌肤融合。

如果你不喜欢古铜粉饼，那就寻觅一款桃红色系的腮红吧！NARS品牌的“潮红”色号之所以风靡全球，原因便是它采用了桃红色，这个颜色适宜所有肤色。

眼睫毛也自然

我喜欢看女性朋友们纤长浓密的眼睫毛，但是据我所知，和亚洲女性不同，法国女性不喜欢戴假睫毛，也不喜欢在沙龙嫁接、种植睫毛或为睫毛染色，因为一旦不慎有化学品进入眼睛，将会非常危险。如果睫毛稀疏，法国女性会毫不犹豫地服用可促进毛发生长的营养品，比如维生素H，或者使用一种效果极佳的调理啫喱——塔莉卡睫毛增长液（Talika Eyelash Lipocils）。我的母亲一直使用这款产品，我也是！因为它真的会使眼睫毛变得更加浓密。你也可以在刷睫毛膏之前先刷一层睫毛底膏，它不仅能为睫毛提供保护层，而且能够增强睫毛膏的功效。

我们都有一个坏习惯，那就是过度使用睫毛夹。如果正确使用，这确实是一个非常好的工具，但是如果拉扯太用力，会使睫毛断裂或者脱落。所以，一定要当心！其实不需要用太大力度，就能得到很好的效果。

至于睫毛膏，我们都喜欢轻薄的。只将睫毛膏刷在睫毛根部，可以让它们看上去更加浓密，却不会显得虚假。

我们的化妆品中鲜有眼影

法国女性鲜少使用眼影，就算使用，我们也会避免明亮的颜色，而坚持使用柔和的淡色眼影。如果你喜欢使用眼影，则应选择不会起褶痕的柔和淡色，告诉你一个小秘诀：粉状眼影的褶痕程度往往比膏状眼影要轻。

我们确实喜欢使用眼线，白天勾勒一条细细的眼线，夜晚则描画得稍微粗一些，更加引人注目。我喜欢在白天使用淡棕色眼线，晚上则使用更加奔放的黑色。

切莫忘记眉毛，对“一字眉”说不

眉毛是塑造整个脸型的基础，修饰眉毛非常容易，却经常被我们忽略。一对漂亮有型的眉毛绝对是一笔巨大的财富，即使你只涂了一点唇膏，眉毛也会让你看起来像精致打扮过一番。

首先，每天花几秒钟的时间梳理一下眉毛。把旧的睫毛刷清洗干净，也可以在药房或美容用品店购买专用的眉刷，每天早上梳好眉型，然后使用与眉毛颜色相衬的眉笔。在眉毛边缘描一些短线勾勒出眉型，如果你的眉毛非常稀疏或者非常短，可以用眉笔填充，使之与眼角对齐。

蜜蜡除眉比用镊子拔眉更加有效，因为镊子拔眉过度的话，眉毛会很难恰好地长回来，如果你发现有人擅长修眉，务必让她成为你的固定修眉师。棉线绞眉也是常见的方法，效果也不错，对于定好眉型后拔除多余杂眉非常方便，在纽约很受欢迎，但在法国并不普遍。修眉时务必谨慎，因为如果把眉毛修得太细，便会非常显老，你一定不希望像明星玛琳·黛德丽一样不得不用人造笔描眉！在亚洲的这一年间，我发现大家对“半永久”技术做的眉毛也趋之若鹜，从韩剧中流行起的一字眉到粗眉并不适合每个人的脸型，并且近看的时候还会十分不自然，色素植入后，随着毛孔松弛和老化，会让你看上去比实际年龄老。

嘴唇不是画布，是用来亲吻的

你在第六章学习了如何精心呵护嘴唇，这很不错，你肯定不希望在干裂的嘴唇上涂唇膏。

至于唇色，法国女性不像美国女性那样喜欢尝试各种颜色。我们通常只使用古典红、玫瑰粉或桃红色，因为这些颜色看上去柔和、不浓艳。我们也非常喜爱唇彩和唇蜜，只要颜色不太亮即可，更关键的是我们绝不会在唇色和眼影上同时使用亮色。

睡前一定要卸妆

尽管你已经知道，即使再累晚上也不能忘记卸妆，但是我还是要在这里重申一遍。如果你喜欢使用防水的睫毛膏，那么卸妆油更加不可或缺，要使用不会导致过敏反应的卸妆油，特别是成分不含矿物油！最后用水将卸妆油清洗干净，卸妆完毕之后再洗脸。

我的化妆步骤

我的化妆步骤犹如我的日常护肤程序，极为简单，整个过程甚至不超过五分钟。

有色隔离霜。我发现使用带一点颜色的隔离霜可以完美替代厚重的粉底，它可以有效遮盖面部瑕疵，却不会太过显眼，但是我偶尔也会使用粉底，比如当天有记者拍照时，强烈的灯光下粉底的遮瑕效果十分好。

眼睛。我先用 Bobbi Brown（芭比 · 波朗）品牌的深色眼线勾勒眼睛轮廓，再刷一层 Lacome（兰蔻）品牌的 Hypnose 睫毛膏。这就是我的全部眼妆。如果出现了黑眼圈，我会使用 YSL（圣罗兰）品牌的遮瑕笔，这款产品可以完美遮盖不均匀的肤色，同时不会浮粉。最后，我会在内眼角添加一抹光感白色，提亮眼睛光彩。

脸颊。NARS 品牌的“潮红”色号腮红几乎适合所有肤色，因为它不算艳丽的桃红色，十分清淡而真实。当然，只有法国人才会为腮红取这样一个性感的名字。

古铜粉饼。在十几岁时，我就喜欢古铜粉饼，现在依然如此。我一直使用 Teint Divin 矿物修容古铜粉饼。用一把圆形粉刷蘸取少许粉饼，然后以画圈的方式轻轻在脸颊上扫开，这样做可以使你的肌肤焕发光彩。

散粉。我平时不经常使用散粉，但是如果我需要减少脸部 T 字区油光，我会使用 Trish McEvoy（特里斯 · 麦克伊芙）白色蜜粉或者 Tatcha（立矢）出品的天然吸油纸。

唇膏。我喜欢 NARS 品牌 Baroque（巴洛克）色号的惊绮唇蜜笔，它触感柔软，呈淡淡的酒红色，尖头部分就是唇蜜所在。

这样妆就化好啦！又快，又别致，又简单。

*** 法式风情的秘诀 ***

我在飞机上准备入睡前会戴上眼罩，把我的眼睫毛向上压卷，这样类似于睫毛夹的作用。睡醒后，它会让我的眼睛看上去显得更大。当然，即使你不需要坐飞机，这也是个不错的小窍门。

德尔芬的法式妆容技巧

除了我自己的秘诀外，法国著名化妆师德尔芬也分享了她常用的化妆技巧，帮助你打造完美无瑕的法式妆容。

问：有没有很难用的化妆品？

答：BB 霜（Blemish Balm），顾名思义是修颜霜或遮瑕霜的意思。这是一种多功能产品，在亚洲也非常受欢迎，但是也会很难用，因为 BB 霜是全面覆盖肤色的产品，所以妆容看起来反而会十分明显，仿佛使用过量一样。而且，BB 霜的颜色也很难与你的肤色相衬。另外就是气垫 BB 霜，从韩国传来后也席卷了整个行业，涂抹后肌肤色调十分自然，但缺点是气垫粉扑的清洗不到位时会滋生细菌，并且气垫粉扑的材质容易损坏。总的来说，我建议使用有色隔离霜。

问：你对试妆有什么好建议？在知道自己的最佳妆容之后，是否不应该再鼓励尝试其他妆容？

答：不断探索和尝试适合自己肌肤的化妆品总是很有趣的。在购买前，到丝芙兰等化妆品店，或药房尝试一下试用装，可以帮助你找出适合你的产品。如果店内没有试用装，也可以在家尝试，而且一定要在自然光线下观察效果，这样你就会清楚地看见颜色真实的模样。然而，我建议在重要场合下，不要尝试新妆容！但如果是姐妹聚会，你倒是可以尝试新妆容，抓住时机听听闺密们的意见吧。

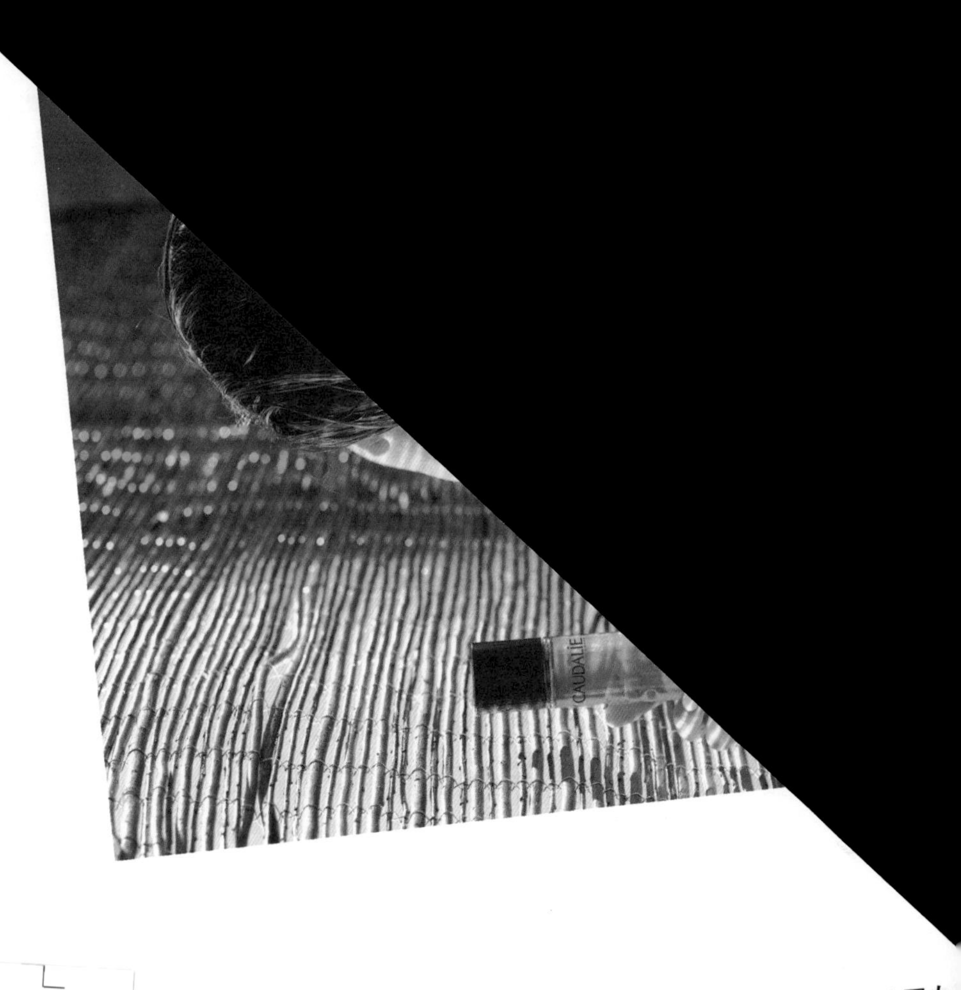

问：

答：我认……议。但是，周末她们会让肌肤放松……，只用具有高倍防晒作用的补水日霜。

第十章

头发造型大赛？哦，不要

你知道英文"powder room"（化妆间）名从何来吗？令人捧腹的是，它并非女士们晚餐之后用来补妆的房间，而是 17 世纪初，贵族用来为他们的假发扑粉的房间，用"powder"这个词是不是超级形象！更有趣的是，这些扑粉室起初仅限男性使用，直到 18 世纪 70 年代，法国女性才在玛丽·安托瓦内特皇后带起的风潮下开始喜欢高耸的精致假发。然而，头发造型在法国朝臣们的生活中占据着极为重要的地位。法国国王路易十四曾经拥有 40 位假发工匠来打理他庞大的假发收藏。

从古至今，虽然在法式魅力里"coiffeur"（为女子做头发的美发师）一直是极其重要的一环，但是大概他们的才华并没有影响到我。因为我对打理头发实在毫无天赋！而美国女性对头发的护理更加感兴趣，而且颇具天赋。在这方面我们都需要向美国人学习。本章将分享许多护发方面的内容，除了我的建议之外，法国著名发型师德尔芬·考特利也提出诸多护发建议。她是香奈儿 (Chanel)、爱马仕（Hermes）、高缇耶 (Jean Paul Gaultier) 等品牌的时装秀御用发型师，是最杰出的美发师之一。

法式护发与造型的精髓

头发做得越少，看起来就越好

法国女性非常乐意为美丽而战，其中最重要的是让肌肤容光焕发，健康亮泽。但有一个战场我们不愿意涉足——那就是头发，我们接受自己头发天生的状态，并且充分展现它。我们很少在发型上下功夫，我们宁愿保持自己厚厚的自然卷，也不愿坐上数个小时拉直头发，因为这样并不健康，而且使用的药剂可能会使秀发受损。我们的化妆台上没有这样或那样的头发造型产品，但我们喜欢理一个漂亮的发型，来配合自己的天然发质。我们知道对头发做得越少，看起来就越好。如果我哪天心情不好，我的丈夫为了逗我开心，他会说："好啦，我觉得你的自然卷更好看。"你瞧，法国男人就是这么懂女人心！

钻石级美发秘诀——远离吹风机

实现法式自然感发型也有最简单方法！洗完头后，不要用吹风机吹干，直接上床睡觉。记得哦，只需使用少许洗发水和优质护发素，然后和你的秀发道声晚安，醒来时你会发现发质变得非常好。当你在沙滩上时，这样做也同样有效哦，只需把头发松散编起，天然的海水会令头发在干爽后更加蓬松、卷曲。

更重要的是，这是法国人的钻石级美发秘诀，这种毫不费力的发型完胜吹风机！

如果这都不能说服你，要吓唬你的是：护发最大的敌人就是过度加热和加工。

每当你用吹风机吹干头发或者拉直、漂白和染色，都会对头发造成损害。更糟糕的是，如果你在做头发时花大量时间强力拉扯湿发，则存在外力拉扯性脱发的风险，还不快从今天起避免对头发加热。

随心所欲的一头乱发

听起来法国人没有独特的头发造型？并不是！刻意保持的乱发就是最完美的造型。我们最怕压力，而这种发型的好处就是让头发造型变得随心所欲，就像你已经知道我们有多爱简化美容步骤。而亚洲女性的头发也让我非常羡慕，自然有光泽的直发闪耀着健康的质感，配合你们完美的肌肤简直美极了！

拿不定主意？那就盘成“丸子头”吧

法国女性不似美国女性那般敢于大胆尝试各种发型，当你走进巴黎任何一间办公室（当然也包括欧缇丽），你会看见一排排随手盘起的发髻。只要头发长度足够，她们都乐意把秀发盘成这个经典造型。我初到纽约，盘起丸子头去开会时，我看见在场的其他女性都有一头时尚漂亮的发型，感觉无地自容。不过我很快便知道，风格独特的服饰和红润的肌肤会使人忽略我不擅长打理头发的事实，这真让人偷着乐。

忍住每天洗头这件事

头发当然得洗！在这方面，法国人相当惭愧。我清楚地记得，我的母亲多次劝我至少忍到隔天再洗一次头。我有一位美国友人在巴黎索邦大学读书，她说永远也忘不了有位年轻的法国导师：每个周一过来上课时，她头发干净闪亮，但是随着周末逐渐靠近，导师的头发变得油腻到可怕，头皮屑满天飞。显然，这位法国导师习惯一周洗一次头发，而这肯定是不够的。

其实我认识的法国女性即使没有每天洗头，头发也不会变脏。她们喜欢头发有些质感，所以使用优质干发剂或免洗型洗发水。我们都知道，除非发质特别油腻，否则不必每天清洗，而且你也不希望每天的时间都用来费力洗头发，即便是隔天洗，也是件劳累的事情。每当你使用含有洗涤剂的洗发水（特别是以硫酸盐为主要成分的洗发水），虽然确实能把头发洗干净，但是也会造成头发干枯受损。

使用时，可以只在头皮上需要的地方使用一点洗发水。与洗发水瓶上的说明相反，洗发产品往往都是浓缩型，所以用量真的不需要超过一枚硬币大小。即使头发再油腻，你也不必重复搓出泡沫和用力冲净这个过程。你只需用清水冲净即可，过度洁净的头发会失去光泽。

护发素远比洗发水重要

护发素可以添加头发急需的水分，并使角质层闭合，这样也具有增加头发光泽的作用。你要寻找到不会剥除头皮天然油脂并给予其保护的护发素，而且不要使用成分表排名前三位含有硫酸盐以及硅（例如二甲聚硅氧烷或环甲硅油）的护发素。

不要忘记头皮

你有没有小心翼翼地护理头皮，就像护理面部和颈部肌肤一样？其实你应该如此！定期使用发膜可以有效舒缓敏感头皮，而且法国人非常乐于使用保持头皮健康的产品。

我的母亲向我介绍过一款产品，特别有帮助，那就是 Phyto 品牌的 Phytopoll é ine 全效头皮促进液。它的主要成分包括迷迭精油、柏树精油和柠檬精油，味道特别好闻，适宜干燥头皮或敏感头皮，而且还能刺激发根，促进头发生长。将满满一滴管精油滴到头皮上，按摩至吸收。等待大约 20 分钟，然后照例使用洗发水洗头，它现在是我最喜欢的护发产品之一。

染发只是为了遮盖白头发

法国青少年与亚洲及美国青少年一样，喜欢尝试各种发色，从金发到红发，循环往复，直到他们不再想染发为止。虽然美国女性大胆无畏地不停变换发色，并乐在其中，但是法国的年轻女性往往最终会听取母亲的谆谆教诲，停止染发让头发恢复原来的颜色。可以肯定的是，她们会保留一些好看的造型，但是不会太多。

补充营养促进头发生长

我的母亲头发天生浓密，为了保持这种状态，她有点痴迷于头发护理。她知道白藜芦醇中的多酚可以有效刺激头发生长，而且她每天都服用头发补充剂。她最喜欢的一款口服剂就是 Innéov 品牌的 Masse Capillaire 产品，它含有牛磺酸、锌、儿茶素和绿茶多酚，而 Oenobiol（欧诺比）或 Phyto 也是不错的品牌。众多法国女性对 Innéov 评价极高，但千万注意，这个产品不仅会刺激头发生长，而且还会刺激全身的毛发生长！

不可替代的巴黎美发师

我搬到纽约后不久，曾请一位在纽约居住了很久的朋友帮我推荐发型师。她给了我几个人的联系方式，然后我便照着电话开始预约了，但当我听到价格时，惊讶得差点摔了电话。在这些美发师之中，有人报价近1000美元（约7000元人民币）——仅仅只是剪头发！这些钱足够我飞到巴黎剪一个精妙绝伦的发型，然后再飞回纽约了。

我不知道美国其他城市的理发价格是否也如此之高，但法国的美发沙龙真的很便宜。另外也有很多技艺精湛的巴黎美发师提供上门服务，理发、吹干、做造型全部加起来也不过30~50美元。

*** 法式风情的秘诀 ***

我们喜爱免洗洗发水，虽然听起来不够干净，但这显然比脏发什么都不做要好吧？一款有效的免洗洗发水会使头发保持清爽好几天，它还会使头发便于做造型。我最喜欢的品牌就是 Klorane（康如）。

而我另外一个秘密武器是：先在头发上涂抹精油，20 分钟后再用洗发水洗头。这样做不仅有利于头皮健康，而且对干枯脆弱发质具有神奇的效果。油性护发产品不会使头发油腻，因为最后需要用水冲洗，所以可以放心尝试。我最喜欢的一款产品是欧缇丽尊贵护理油，里面含有摩洛哥坚果油、乳木果油、木槿、芝麻和多酚。你也可以使用自己喜欢的任何发油，纯摩洛哥坚果油或初榨椰子油效果都特别好。

如何选择一个优秀的护发品牌

法国女性对美发师十分倚重，因此在挑选最适合自己头发的产品时经常请他们提供建议。美国女性也是如此，但是美国市场上护发品牌多如牛毛，从中选择一个合适的品牌困难重重，缩小选择范围最简单的方法就是避开任何含有硫酸盐的洗发水。

众多洗发水中最常见的成分就是硫酸盐，要么是十二烷基硫酸钠，要么是十二烷基醚硫酸钠。因为它们是有效的洗涤剂，很容易搓出丰富的泡沫，而美国人特别喜欢洗头时能搓出大量泡沫。硫酸盐更常用于清洗碗碟和汽车的洗涤剂，它们虽然泡沫丰富，但也会让发质变得粗糙干燥。

硅也是一种并不适合所有女性的成分，它可以在头发表面形成一层膜，让头发看上去光泽顺滑，但它并不是有效的护发素。硅适用于浓密或粗糙发质，因为它可以立即使秀发垂顺，使头发看上去柔软，甚至油腻。

我建议使用法国品牌，Phyto、René Furturer（馥绿德雅）、Leonor Greyl（莱昂诺尔·格雷尔）和 Christophe Robin（克里斯托弗·罗宾）都拥有不错的口碑，这些品牌都拥有丰富的产品系列，针对各种发质的具体需要。

我的头发护理秘诀

我酷爱水上运动，所以在夏天的时候头发变得特别不好打理。因为水里的氯和日光暴晒会让头发不再柔顺，变得干燥卷曲，我经常需要为头发补充营养和水分。

过度清洁，不

使用不含硫酸盐的洗发水，因为硫酸盐会使头发和头皮失去水分。洗发水用量只要一枚硬币大小就够了，美国女性往往使用太多洗发水，过度清洁头发反而使头发越发干燥凌乱。

修护发膜，好

使用一款轻盈护发素，抹在头发上保持一段时间，这时你可以清洗身体。如果我在旅程中，没有时间使用前面提到的自制发膜，那么我会使用René Furturer品牌的Karité滋养修护发膜或Ojon’（奥乐）品牌的洗发前护理精油。

极简的“丸子头”

正如你知道的，我作为“发型极简主义者”(hairstyling minimalist)，尽量能不做造型就不做造型。大部分时候，我只是使用纯正有机摩洛哥坚果油，并混合葡萄籽油、木槿油和液态乳木果油滋润发梢，然后把头发盘成“丸子头”！

*** 法式风情的秘诀 ***

我的朋友当中最广为人知的秘密，也就是所有法国女性都知道的秘密，就是如何让头发闪出光泽。最佳的做法是，在使用洗发水后再用醋冲洗，不会留下醋味，而且花费低廉。如果你是金发，最后可以用甘菊茶来冲洗，甘菊茶可以缓和黄铜色。特别是在用氯消毒过的泳池中游泳后，使用甘菊茶冲洗头发效果特别好。用后的茶包可以消除眼睛浮肿，将剩下的茶包敷在眼睛上，躺下来休息几分钟，会让你看起来更加精神。

德尔芬的法式美发技巧

问：法式美发的典型特质？

答：对于法国女性而言，真正重要的是风格——时尚风格和发型风格缺一不可。我们追求一种简单自然不“用力过度”的造型。

问：法国女性敢于尝试新发型吗？或者她们追寻的东西都差不多？

答：喜欢时尚的法国女性会紧跟潮流，比如沙滩风卷发或波波头。虽然在尝试新的东西，但是始终不变的是最初的“法式风情”——也就是无论多么煞费苦心，看起来仍然质朴自然。法国女性不喜欢让人看出她们的头发是出自美发师之手，和亚洲女性喜欢裸妆一样，对于头发，我们同样喜欢“裸妆”。

问：法国女性随着年龄增长，发型会有何变化？

答：即使较为年长的法国女性也希望保持自然，如果她们的发型能够保持很长时间，她们会很高兴。和亚洲女性一样的是，在法国拥有深色头发的女性希望让发色变得更浅，这样更容易隐藏白头发。她们希望自己看起来年轻一点，但同时又要适合自己的年龄。

问：法国人像美国人那样频繁染发吗？

答：法国女性会像美国女性那样频繁染发，但是法国的染发师会使用更加天然的产品，以满足各种需求：不染显得太假的纯黑色、假栗色、酒红色或者渐变色，而是看上去更加自然的颜色。我强烈建议亚洲女生可以尝试这种像被太阳晒出来的颜色。法国女士们也常常带着她们年轻时的照片，要求染成与照片上同样的颜色，因为她们知道那个颜色适合自己的肤色。

问：当法国女性发现自己的第一根白头发时会怎么做？

答：多数会把它藏起来！

问：有没有法国女性特别喜欢或者坚决拒绝的头发造型产品？

答：我们喜欢优质的护发素，特别喜欢能增强质感的产品，比如丰发粉或海盐喷雾。我们绝不使用的产品就是发胶。

问：什么样的梳子是最好的？

答：我喜欢日本制造的Y.S.Park平板梳，或者Mason Pearson（梅森·皮尔逊）发梳，当地药房均有销售。

问：在法国人眼里，有没有哪种美国人对头发的做法会让你们特别吃惊，或者绝对不会尝试？

答：法国女性常说："请不要给我弄成钢丝发。"意思是"请不要给我弄成爆炸头或者用吹风机吹得超级蓬松"。对我们来说，简单即是美。

The grape escape
Pulp friction massage
Vinotherapie
Once upon a vine
The grape escape
Pulp friction massage

用葡萄充饥

第十一章

三日葡萄排毒清体疗程

第一次做葡萄排毒清体疗程是在1998年，那时我正在着手做一些研究工作并开始创作我的第一本著作——《来自葡萄里的健康》（*La Santé par le Raisin*）。为了取证更多的经历，我翻阅了将葡萄用作治疗手段的历史文献，发现许多人喜欢使用葡萄排毒，而且此方面的著述十分多。实际上我发现，这种疗法的过程简单得令人难以置信：坚持几天或者更长时间内（自行选择）只吃葡萄即可，用葡萄充饥，并且是大量的葡萄！

很自然地，我对这种护理方式非常好奇，所以决定亲自尝试一下葡萄排毒清体疗程。在开始计划之前，我吃了几天只包含水果和蔬菜的膳食，以便让身体做好准备。当时我还没有喝咖啡的习惯，所以不必担心咖啡因戒断综合征。然后，为避免过于单调，我买了一串又一串成熟饱满、不同品种的红葡萄和白葡萄（法国多数都是有籽的葡萄品种）。在整个疗程中，除了葡萄以外，我只喝绿茶。

没错，和你想的一样。到了第三天，我开始看见葡萄就有些厌烦，跟我之前尝试果汁排毒疗法的时候一模一样，但是自始至终我的感觉都很好。我充满了活力，体内的毒素得以排除和净化。我的小腹变得平坦，但最让我惊喜的是我的肤质，我之前从未见过我的肌肤这样细腻柔软，闪耀着健康的光泽。我的肌肤就像广告上的超模一样容光焕发、完美无瑕，当然我没有用软件修图！

结束葡萄排毒清体疗程后的那一天，我只吃水果和蔬菜，没有再吃葡萄，却依旧感觉美妙绝伦。虽然我的体重没有减轻，但却感觉身体更加轻盈。请继续往下看，相信你一定也想亲自感受这个净化过程。

神奇的葡萄

小小葡萄虽然其貌不扬，却是历史上公认的最具效力的水果之一，营养成分如此全面，因此人们称之为“植物牛奶”。

全世界许多地方都有野生的葡萄，人工种植食用和酿酒用的葡萄也已经有几个世纪的历史，比如在《圣经》或古希腊、古罗马的神话传说中，葡萄酒总是占据举足轻重的地位。16 世纪，法国国王路易十四要求在用膳时饮用最上等的葡萄酒，人们将他最喜爱的葡萄小心谨慎地包在稻草里，然后装到木箱里，驱赶骡子和马匹运往宫廷。直到 19 世纪，葡萄才成为平民经常吃的水果。现在，很难想象如果没有葡萄，我们的厨房乃至整个世界会是什么样子。

葡萄的成分与营养价值

每一串葡萄都有两个不同的部分：葡萄藤和果实，或称葡萄浆果。葡萄浆果由葡萄皮、多汁果肉和数粒葡萄籽组成。葡萄为了保护自己不受雨水等自然因素影响，会在果皮外产生一层白色的薄霜。如果你看见葡萄上有白霜，这是件好事情——这代表果实未经加工，并且这正是最为新鲜的时候。新鲜采摘的葡萄表面覆盖着这层薄霜，用指尖就可以轻易洗掉。确认葡萄是否新鲜的另一个方法就是看葡萄藤，如果葡萄藤翠绿紧实，即代表葡萄新鲜。

美味的葡萄芳香来自葡萄皮。不同的葡萄拥有不同的香味，取决于葡萄生长的土壤、气候以及种植方法。

葡萄与无花果一样，是热量最高、糖分最多的水果之一，每 100 克葡萄含热量 64~72 卡路里。由于葡萄富含易被人体吸收的果糖，所以是快速补充能量的理想选择。

每 100 克（3/4 杯多一点）葡萄含以下成分：

水：78~82 克

碳水化合物（主要是葡萄糖和果糖）：16~18 克

蛋白质：0.7 克

苹果酸：0.5~2 克

铁：0.5 克

酒石酸：0.3~0.7 克

脂肪性物质：0.3 克

钾：183 毫克

钙：15 毫克

柠檬酸：20~50 毫克

磷：20 毫克

镁：9 毫克

硫：8 毫克

钠：3 毫克

维生素 C：0.5~11 毫克

烟酸：0.3 毫克

铜：0.1 毫克

维生素 A：0.05 毫克

维生素 B_1（硫胺素）：0.05 毫克

维生素 B_2（核黄素）：0.03 毫克

维生素 B_5：0.05 毫克

大多数人血液酸性过高，偏离了人体的天然pH值（氢离子浓度指数），往往是因食肉过多引起的。而葡萄从土壤中汲取了丰富的矿物质，成为人体所需矿物盐的有效来源，可以帮助碱化血液。同时葡萄富含有机酸，在甘甜中暗藏一丝沁人心脾的酸味。葡萄籽里的油分营养价值也特别高，含有大量多元不饱和脂肪酸和维生素 E。

葡萄之所以在疗愈和排毒方面具有强大功效，是因为葡萄具备强大的净化和利尿功能。葡萄中水、钾、纤维含量高，帮助刺激整个消化系统，有助于身体排出毒素，净化器官。葡萄最突出的当然是它的多酚含量，葡萄皮、葡萄藤，特别是葡萄籽中均含多酚，能帮助中和导致细胞内部损伤，从而引起永久老化的自由基。

盛极一时的葡萄疗法

在罗马人普林尼和加利安的著作中可以看出，古代人就已经知道葡萄益处颇多，但是直到 18 世纪，才有医生开始向患者推荐葡萄疗法，不过比我每年一次的三天排毒清体疗程时间更长。法国一位名叫德波斯·德·罗切福特的医学教授是葡萄疗法的开拓者，他在 1789 年发表的一篇文章中写道："根据包括我在内的执业医生的诸多反馈，已经证明葡萄是最好的排毒剂，它可以有效遏制腹腔内脏器官梗阻、发黄、因胃下部梗阻而引起的'四日热'，特别对于黑死病、抑郁症以及其他皮肤疾病具有非常好的疗效，因为葡萄是功效卓越的净化剂。"

然而又过了 150 年，医学界才全面认可葡萄的这些特性。那时医学期刊开始讨论葡萄的治疗价值，欧洲的上流阶层纷纷涌入当地温泉疗养 SPA，接受热疗法和葡萄排毒。到了 19 世纪末，葡萄排毒疗法在德国、瑞士、波兰、俄国、意大利极为盛行，位于德国巴伐利亚州迪克海姆和莱芒湖畔的维托等地区的豪华酒店因此红极一时。

法国人花了一点时间才赶上这股风潮，穆瓦萨克首开先河，那里以地热温泉和黄金葡萄而闻名。第一家法国温泉疗养 SPA（Soins thérapeutique）于 1927 年在塔恩河畔建成，在一间叫作 Uvarium 的小型俱乐部里提供葡萄排毒以及美味的葡萄汁。这些治疗主要面向超重或肥胖人群，以及患有痛风、便秘、皮肤病、肝病和肾病的患者。来到这里的客人需要按照指示每天吃光 5 磅（约 4.54 斤）葡萄或饮用葡萄汁，根据医疗需要，治疗通常持续至少一个月。

葡萄疗法盛极一时，其他温泉疗养 SPA 如雨后春笋般快速出现，例如，阿尔及利亚流水堡和莫利普维尔、德国巴登—巴登、法国阿维尼翁和科尔马、意大利梅拉诺和罗马，以及罗马尼亚许多城市均建立了葡萄温泉疗养 SPA。在法国，甚至成立了一个以葡萄疗法为导向的温泉疗养 SPA 联邦，但是第二次世界大战中断了该联邦的扩张计划。"二战"后，随着现代医学和更加"科学"的疗法出现，大部分人对自然疗法、整体疗法和热疗法失去兴趣。葡萄排毒遭受冷遇，现有只有几个地方还在提供葡萄疗法，例如，意大利南蒂罗尔、摩尔达维亚、博尔扎诺的温泉疗养 SPA，当然还有位于“欧缇丽之源”酒店的葡萄温泉水疗 SPA。

约翰娜·勃兰特与葡萄疗法

如果不是南非一位名叫约翰娜·勃兰特的护士，葡萄疗法很可能会完全销声匿迹。1922 年，她被诊断出胃癌，并且三年后身体每况愈下。在她接受了一项高强度的六周葡萄疗法后，胃癌神奇地消失了。她惊喜地在自己的著作《葡萄疗法》（*The Grape Cure*）一书中写道：“体内的垃圾和毒素越多，身体越容易生病。葡萄排毒不仅净化身体，而且能够对抗疾病。”

然而，由于约翰娜从未透露她的具体癌症治疗过程以及葡萄疗法的食谱或禁忌，所以没人能确切地知道为什么她的癌症得以治愈。有可能是葡萄在起作用，也有可能是巧合，或许还有别的什么原因，但是约翰娜一口咬定就是葡萄让她起死回生的。她在 1928 年前往美国，试图说服医生和媒体相信她这番惊天动地的经历。最后，一份自然疗法出版物发表了她的故事，激起了全世界的兴趣。

30 年后，另一名南非人巴兹尔·夏克里顿也称他用葡萄治好了自己的肾病。他在他的《葡萄疗法：活着的证明》（*The Grape Cure: A Living Testament*）一书中写道，抗生素对他的病情起不了任何作用，所以他采用葡萄疗法和禁食将自己治愈（动物在生病时就会禁食，这也是让消化系统获得休息的一种古老方法）。其他自然疗法治愈者也认同他的理论，并对巴兹尔的方法进行了一些改良，为那些被告知疾病无法治愈的人带来希望。

必须需要说明的是，深受我喜爱的这种一年一次的葡萄排毒清体疗程不属于医学治疗范畴，虽然我们深入研究葡萄的不同特性，特别是多酚在抗衰老方面的作用，但是没有科学研究证据证明葡萄排毒可以治愈癌症或者其他疾病。正如皮肤病一样，自我诊断可能会带来致命后果。你觉得身上有颗痣没什么，但那可能是黑色素瘤；如果感觉身体疲劳，有可能是甲状腺失调……当然，这些症状也可能完全是良性的。在采取任何治疗方法、禁食、净化或彻底改变饮食习惯之前，务必咨询医生，特别是当你有潜在的疾病——尤其是血糖方面的疾病，例如糖尿病时，尤其需要注意。

当你做好所有的准备，也制订好计划采用葡萄排毒清体疗程，我希望你能像我一样，从这个短期的排毒过程中得到美妙绝伦的收获。

葡萄疗法真的有效吗

1990 年，法国一个致力于农村地区农业和耕作的组织——“生生不息的大地”（Terre Vivante）协会对大约 500 人进行了科学对比研究，结果证明葡萄疗法可以使身体恢复活力，下面将对此详细说明。葡萄疗法需要单一饮食，即只吃一种食物。单一饮食是只能吃一种水果、一种蔬菜或者一种谷物，在至少两个世纪的时间里，单一饮食被称为是最有效的自然疗法之一，可以让身体恢复最佳健康状态，因为单一饮食让身体从外部（空气、水、噪声、硝酸盐、农药）和内部（防腐剂、色素、药物、兴奋剂、酒精、扰乱身体自然平衡的过多成酸食物）压力中得以放松。

此外，单一饮食让身体的消化系统得以休息。因为只吃一种食物，缓解了器官去净化血液以及排除身体废物的压力，这些器官包括皮肤（最重要的）、胆囊、肝、肾、肠道等。

研究参与者中有10%认为这种疗法毫无效果且令人沮丧，但剩下90%的参与者都持相反态度。他们表示自己的整体能量水平和身体状况都出现了显著的积极变化，在接受疗法后，他们描述自己的感受时所用的字眼包括精力充沛、力量增强、充满活力、心情愉快、健康幸福等。瞧！这些听起来是多么让人欢欣鼓舞。

即便是非常短的三日葡萄排毒清体疗程，也还是在挑战人们所熟悉的大多数排毒规则，所以常常有人持怀疑态度。然而，事实证明很多在开始疗程前觉得身体疲惫不堪的人，结束后发现自己恢复了活力。他们睡眠质量更好，而且排毒结束后这种状态还在延续，他们通常发现之前那些病痛、鼻窦炎以及头痛也随之消失了。

三日葡萄排毒清体疗程，如此美好

仍然在采用传统葡萄疗法的温泉疗养SPA和度假酒店，一个疗程往往要超过10天，客人不仅可以获得专业的医学监督，而且可以将全部精力集中在放松身心上。附近没有超市或餐厅，酒店员工会全力配合，其他客人也同样在做单一饮食疗法，这样的温泉疗养SPA大多远离你常规生活习惯的地方，有助于让你坚持更长时间。那些选择长期疗程而不是短期排毒的人通常不仅是为了身体健康，主要是为了减轻体重，这是一个强大的动力。波尔多“欧缇丽之源”酒店的欧缇丽葡萄温泉水疗SPA却不太符合这个要求，因为我们有米其林二星主厨，以及可口的香醇葡萄酒，面对美食诱惑，客人们谁会想舍弃美酒佳肴呢？

事实是大部分职业女性很难抽出一两天假期诸事不理，更不用说花费数周只做一件事进行治疗，而此时短短三天的葡萄排毒清体疗程就优势明显了。如果你做葡萄排毒清体疗程三天后感觉不错，可以继续坚持下去，直到你自己觉得够了，但切记务必先咨询医生，特别是先前如果患有某种疾病或者服用某些药物。我的妹妹曾经坚持了 14 天葡萄疗法，她的肌肤变得非常好，而且体重也有所减轻，但是对我来说，三天净化已经足够收获所有神奇的效果。

这是因为三日葡萄排毒清体疗程不仅开启了你的美容历程，而且让你感觉更轻松。这比其他排毒疗程花费更少，有些果汁排毒疗程的费用比在高档餐厅吃一顿还要高昂，另外，除了买葡萄和洗葡萄之外，不需要特意花时间准备。如此简单的做法，你也不可能“出错”，因为你要做的全部事情就是只要吃新鲜的葡萄即可。整个净化过程可能短暂，但肌肤会用美好的效果来回应你三天的努力。

☑ 完美无瑕的肌肤。如果只吃三天葡萄，消化系统不必费力去处理脂肪或蛋白质，从而得以休息。因此，可以消除逐渐积累的毒素。在你刚开始葡萄排毒清体疗程的第一天或前两天，有的人可能会发现肌肤长痘或发痒，但是我从未发生过这种情况。实际上，我注意到我的肌肤在 24 小时之内变得完美无瑕。到了第三天，你的肌肤应该会更加亮白，更加有光泽，没有痘疮，而且肤色质地均匀。

☑ 减轻疲劳和压力。参与“生生不息的大地”协会对比研究的大多数人，表示他们在开始治疗前觉得身体疲惫不堪，心情紧张，但是治疗之后感觉精力充沛，生机勃勃。这是因为葡萄排毒或葡萄疗法不仅可以使消化系统休息，神经系统也可以得到放松。开始葡萄排毒清体疗程的第一天，你可能发现自己有轻微的头疼，这是因为身体在调整。对我来说，从来没有发生过这种情况，而且在此之后我感觉自己充满活力，精力更加充沛。而习惯喝咖啡的人反应会更强烈一点，因为在采取葡萄疗法的过程中不能喝咖啡，身体自发出现的咖啡因戒断综合征会导致头痛、易怒。如果你计划采用葡萄疗法，请提前戒饮咖啡（我们将在本章后面详细阐述）。

☑ 如婴儿般的睡眠。在葡萄排毒清体疗程期间，身体获得久违的休憩，压力程度自然会下降。由于摒弃摄入任何刺激性食物，例如咖啡因、精制糖或酒精，你会因此睡得更加深沉，清爽安神，不只是在这三天，之后亦会如此。每当我做葡萄排毒清体疗程时，我都会马上睡着，而且睡得像婴儿一般香甜。

☑ 清除全身杂质。富含纤维的蔬菜、豆类和水果通常会改善肠道环境，而葡萄纤维含量非常高，所以只吃三天葡萄一定会出现轻微的腹泻。你还会发现葡萄具有利尿作用，这也可以帮助排出体内杂质。葡萄排毒清体疗程对于全身排毒如此有效，部分归功于它可以刺激身体清除废物。

☑ 敏锐的味觉与嗅觉。我不确定原因，但是我喜欢能够提高感官敏锐度的所有事物。或许是因为我的味蕾犹如身体其他部分一样，能够在此期间得到休息，然后给予我小小的奖励。通常在三日葡萄排毒清体疗程后，我恢复常规用餐时喝的第一杯红酒尝起来更加香醇。

☑ 像法国人一样用餐。只吃几天葡萄可能会帮助你减轻几斤体重，但是三日葡萄排毒清体疗程不是减肥治疗，减掉的主要是水分，在你开始恢复正常饮食后，体重很快会反弹。当然如果坚持数周，甚至数月的葡萄疗法，体重便会减轻，但是你只有在医生的监督下才能这样长期进行！

这种快速净化系统的方法不仅赋予你健康美丽的肌肤，而且可以帮助你理性了解自己的饮食习惯，了解饥饿的真面目。看看那些激发食欲但加工过的食物，你会发现在平日的一天当中，自己究竟吃了多少非必须吃的食物，什么时候吃的，以及为什么吃。类似葡萄排毒清体疗程这种限制计划，几乎每个人都可以坚持三天，这会帮助你认识到实际上你并不需要在早上吃面包圈或在下午吃零食才能保持精力充沛。当你了解这一切之后，你便可以开始真正像法国人一样用餐了！

三日葡萄排毒清体疗程，一起开始吧

祝贺你决定做葡萄排毒清体疗程！如上所述，开始排毒前务必详细咨询医生，特别是在你存在潜在健康问题的情况下。做葡萄排毒清体疗程的那三天，是我一年当中最愉悦的日子。从 1998 年起，我每年秋天都会做一次葡萄排毒清体疗程，只有在怀孕时中断过。我希望整个过程结束后，你会和我一样拥有美妙的感觉。

三日葡萄排毒清体疗程的热身小贴士

花些时间妥善准备，会使整个疗程更加容易，更加有效，因此请遵守以下提示：

☑ 葡萄排毒清体疗程的最佳时间是你放松休息时的假期和周末，希望你调整好心情，一身轻松地回到家里，然后开始计划大约三天的排毒疗程。如若工作或家庭出现突发状况，可以将疗程推迟。

☑ 在秋季收获葡萄的时候做葡萄排毒清体疗程理论上是最佳时间，此时葡萄质量最佳，营养丰富，而且超级新鲜。如果不方便在秋季做，也没关系。现在国际物流发达，各地种植季交替，全年都可供应新鲜又营养的葡萄。

☑ 有机的带籽红葡萄是首选，因为葡萄籽是葡萄营养价值最高的部分。如果附近没有有机葡萄，务必将买回来的葡萄彻底清洗干净，去除农药残留物。将几汤匙的酒醋与一升水混合冲洗葡萄，可以去除葡萄上的杂质和污垢。

☑ 应选择熟透但不塌软的深色葡萄，因为其营养价值最高。未成熟的葡萄不仅酸涩，而且可能引起胃部不适。

☑ 不同种类的葡萄可以混搭，但是切记：葡萄皮颜色越深，多酚及其他营养成分越多。

☒ 不要咀嚼葡萄籽，整粒吞咽，如果咀嚼葡萄籽，会对口腔和牙龈造成刺激。

☑ 葡萄一定要买够！别忘了这是你唯一摄取的食物，你要吃大量的葡萄，而且你也不希望出现疗程尚未完成，葡萄就已经吃光的情况。一般人每天吃 4~6 磅（2~3 公斤）或者更多的葡萄。

☑ 开始葡萄排毒清体疗程前几日，最重要的一项准备就是尽量让肠道适应简单的食物，饮食以水果、蔬菜、全谷物为主，至少坚持一周以上。这会促进消化液流动，让身体为净化做好准备。尽量不吃红肉和难消化的膳食，尽量不喝酒（假如平时你习惯在晚餐时喝一杯红酒，这时你应该停止）、咖啡或任何其他含有咖啡因的饮料，也不要吃巧克力或任何其他含有咖啡因的食物。如果你平时习惯大量喝咖啡或茶，请逐渐减量直至彻底戒除，以免出现咖啡因戒断综合征。有一个简单的办法可以戒掉咖啡，在平时喝的咖啡里掺入无咖啡因咖啡，掺入量逐日递增，你也可以喝更多的绿茶来代替咖啡。

☑ 放轻松！葡萄排毒清体疗程的乐趣在于，你可以将之视为一场冒险——不仅是身体，还有心灵与思想。如果你从未尝试过葡萄排毒清体疗程或类似过程，我想当你的身体快速调整，并且“饥饿感”逐渐减少时，你一定会对如此惊艳的效果感到吃惊。如果你没有兴致，或者是因为别人要求你才尝试，那么整个过程你很难感觉良好。若是如此，何不另寻一个更适宜的时间开始净化？你也许想让朋友与你一起做净化，大家一起对比变化，享受整个过程。

三日葡萄排毒清体疗程日记

第一天

葡萄排毒清体疗程一旦启动，你只能吃葡萄，连皮带籽一起吃。

☑ 饮料只喝水、花草茶、绿茶或南非有机路易波士茶。

☑ 一天当中，最好少吃多餐，不必像往常一样遵循早餐、午餐、晚餐的时间点。理想的时间计划是起床后空腹喝两大杯水，然后在半小时内吃点葡萄，全天吃葡萄间隔为三小时。例如，早上 7 点半起床，先喝水，然后在 8 点、11 点、14 点、17 点、20 点吃葡萄。

☑ 如果间隔期内感觉饥饿，那就再吃点葡萄！如果你感觉有必要，完全可以加餐。但即使很饿，也不要吃太快。慢慢来，尽情享受每一粒葡萄的美味，特别是超有营养的葡萄皮。这样享受葡萄芬芳的过程，会帮助你抑制阵发饥饿感，并帮助消化。

☑ 每天摄入葡萄量从 4~6 磅（2~3 公斤）不等，没有固定的量，取决于个人食欲。

☑ 在当天的某个时间，空腹喝 250 毫升不加糖的鲜榨葡萄汁。我用榨汁机榨葡萄汁，因为榨汁机可以碾碎极具营养的葡萄皮和葡萄籽。

☑ 如果可能的话，尽量将平时的压力在此刻降到最低。换言之，这段时间不要自告奋勇地去承担新工作。希望你可以在周末做净化，以便有更多时间放松，尽最大努力让自己放轻松。

☑ 如果可能的话，疗程期间比平时早睡。睡前泡一个舒缓的热水澡也有助于睡眠。

第二天

任何排毒疗程的前两日都是最困难的，因为身体需要调整以适应只吃一种食物，并排出在单一饮食开始前就已经日积月累的毒素。起床时你或许会感到头痛，或许肌肤会出现斑点，你可能觉得厌烦，甚至脾气暴躁，而且感觉异常寒冷。别担心——这些都是正在排毒的迹象，很快便会消失的！

☑ 饮食计划与第一天相同。

☑ 如你所知，黑色与黑红色葡萄最有营养，但是如果胃部不适，适宜吃带籽的绿色葡萄，更易消化。

☑ 如果可能的话，建议进行强度较低的运动，长时间散步最为理想。

第三天

食物、饮料与第一天相同。

☑ 这时你应该感觉充满活力，精力充沛，肌肤看上去光彩照人。

身体已达到满分净化，祝贺你！

三日葡萄排毒清体疗程已完成

☑ 你会感觉精力充沛，睡眠也更好。

☑ 在早餐前约 20 分钟，继续空腹喝不加糖的鲜榨葡萄汁，排毒后坚持三天有助于巩固三日葡萄排毒清体疗程的效果。

☑ 正常饮食，尽量摄入未经加工、易于消化的新鲜食物和饮料，尝试无糖希腊酸奶等乳制品或农家干酪，少量燕麦片等全谷物，以及鱼肉或鸡肉等轻质蛋白质。如果你之前喝咖啡，这时也可以恢复这个习惯。避免摄入任何加工过以及含有防腐剂、化学品或反式脂肪的食物。避免摄入油炸食品或用白糖和白面粉制成的食物，例如点心或甜点。如果你和我效果一样，你会极度渴望吃些开胃菜，而不是甜食。我喜欢在完成净化之后吃撒上新鲜油醋汁的沙拉、蔬菜杂烩和寿司，既轻便又干净，而且会有饱腹感。

尤其要注意的是，结束疗程后的首日不要出去吃牛排或炸鸡，否则身体可能会反抗。经历过单一饮食后，你需要给身体一些时间来调整，大约需要一天半到两天的时间（净化时间的一半）。

☑ 许多人在完成了葡萄排毒清体疗程之后，会发现曾经无法拒绝的那些美味正在失去诱惑力——哪怕只是经过三日葡萄大餐而已。在我看来，我们的身体长期经受来自食物和生活环境的诸多压力，身体对于能够暂时放松休息非常高兴，它向我们的大脑发送愉悦信号，想让这段时间越长越好。这或许就是参加“生生不息的大地”协会对比研究的人中，超过半数发现他们可以轻易改变自己的饮食习惯的原因所在。他们变得很少吃甜食、乳制品、肉类并很少喝咖啡和茶，而是更多地吃未经加工的蔬菜、全谷物、水果及其他生鲜食品。同样重要的是，他们吃得比之前更少。

☑ 我建议每年做一次葡萄排毒清体疗程。这样可以好好对待你的身体，提高活力，改善肌肤状况，并能使你从日常重口的饮食习惯中解脱出来。

后记

在 15 岁时，我决定去巴黎看望我最好的朋友塔妮娅，她搬到巴黎已有几年。我买了一件蓬松的浅蓝色裙子，觉得自己穿上一定会很漂亮，然后我乘坐火车，满怀期待地一路算着时间到了巴黎。当时塔妮娅到里昂火车站接我，一开始见到我时她欣喜若狂，但在仔细打量我的穿着后，她瞬间就变得十分懊恼了。

她当下对我说:“你不能穿成这样和我上街，你身上还有钱吧?我们去买几件衣服。”

我点点头，这时她才如释重负。

她把她的运动衫披在我的肩上，然后快速把我带到巴黎十六区一家名为 SAP 的服装店里，在那里她让我买了一条面料硬挺、稍显宽松的李维斯 501 牛仔裤，就是现在很常见的那种牛仔裤。然后，她把我带到了衬衫区，为我挑选了一件简约的白色排扣棉质衬衫。我穿着这套衣服走出了服装店，她把我那件漂亮的蓝裙子藏到了我手提袋的最下面。

然后，她仔细端详我的脸，我当时素面朝天。她把我带到附近一间咖啡厅的洗手间，拿出她的化妆包，在我的脸上快速扫上一抹 Terracotta 粉底，然后帮我涂上了柔和的桃红色唇彩，再帮我刷上少许睫毛膏，大功告成！她只用了几分钟就帮我化好了妆，我没有感到难堪，相反，她的巴黎时尚触感和对美丽的潮流把握，给我留下了非常深刻的印象。

我希望这本书能让你有所启发，就像当年塔妮娅为我做的一样，她分享了她的美丽秘诀，让我瞬间变身。如今许多年已经过去，我在早上依然保持着简单、快速、有效的保养步骤，让我看上去还是像我自己，只是更好了一点，更加光彩夺目了一些。直到现在，我还是喜欢简单别致的白衬衫和牛仔裤。

向法国女人的美丽经致敬！

致谢

最后，感谢以下伙伴为我提供的支持与帮助：

我的另一半、好父亲、好丈夫、最好的知己兼商业伙伴贝特朗，是他促使我写成了这本书。

我的孩子们，保罗、露易丝和玛丽安，他们是我的灵感来源，即使有时他们会让我抓狂。

我的妹妹，爱丽丝，她永远那么酷。

我充满智慧的父亲，他鼓励我追求自己热爱的事业，也促成了我们公司的创立。他有着广泛而深刻的生活常识，我希望得到了他的真传。

我的母亲，感谢她的激励与鼓舞，让我一直充满能量。

我的外婆伊冯，她是善良的化身，她做的野草莓酱最好吃。还有我的外公莫里斯，感谢他教我关于植物与自然的知识。

我的奶奶，她是一位励志的企业家，也是一位独立坚强的女性。

我一生的挚友塔妮娅和娜塔莉。我们一起快乐地长大，从你们身上我学到了很多。

感谢费邓教授，欧缇丽幕后的科学天才，没有他就不会有欧缇丽。还有哈佛医学院的戴维·辛克莱教授，他为欧缇丽发现了划时代的逆转年龄的分子。托你们两位的福，我们会越来越年轻！

感谢伯纳德·赫佐德博士，他研发了匈牙利女王伊莎贝拉的皇后水。

感谢欧缇丽中国分公司的努力，让这本书中文版得以面世：陈宛廷（Heidy Chan）、陈静仪（Nicole Chan）、朱洁（Jane Zhu）和安托万·佩列蒂耶（Antoine Pelletier）。

感谢中信出版社对本书英文版的欣赏，谢谢主编李穆和策划编辑冯莹把美丽的法式秘诀分享给中国读者，我对细节的追求快把她们逼疯了。

感谢朱洁帮我修改本书的中文版，我知道你背后肯定花了很多时间。

感谢新锐插画师珍妮·朱（Jenny Chui）的精美手绘，还有平面设计师姜懿针苏设计的全书版式。

感谢你们与我分享你们的美丽秘诀：美容教父——牛尔老师、时尚女王——苏芒、时髦大王——宋佳、我的好友——爱马仕旗下中国奢侈品“上下”设计总监兼创始人蒋琼耳小姐、著名华裔设计师吴季刚（Jason Wu）和纽约名媛奥利维亚·巴勒莫（Olivia Palermo）。

感谢你，我不认识或者即将认识的你，崇尚法式美感和欣赏自然健康的生活方式让我们在这本书中相识，美本是简单的事，愿你如法国女人一样别具风格。

每当你购买一本《法国女人的美丽手记》，美好而善意的举动也将为保护地球做出贡献，共同实现对环境的美好承诺，因为作者将捐献本书的全部版税所得至“1% For the Planet”组织。

从欧缇丽创立的那天起，我们便致力于为女性创造天然、高效和迷人的安全护肤品，并始终支持从有机生长的或可持续发展的植物中获取天然化妆品成分。我们齐心协力，努力降低对生态造成的影响。为此，在日常生产中，我们采取优化运输、包装等措施来减少废物排放。得益于此，我们每年减少 4.7 吨二氧化碳排放量。为了回报自然，2012 年 3 月，欧缇丽加入了“1% For the Planet”组织，将欧缇丽每年全球营业额的 1%，全部捐献给保护世界范围内濒临灭绝生态资源的环保项目：

• 2012—2015 年间，我们与非营利组织“森林之心”（Coeur de Foret）及 Nordestah（诺达斯特）合作，在被誉为“地球之肺”的亚马孙热带雨林地区及巴西栽种了共计 44 万棵树。

• 我们与 WWF（世界自然基金会）合作，成功保育了印度尼西亚苏门答腊岛上 52000 公顷天然树林。

• 我们与 Alter Eco（改变生态）机构合作，于 2015 年底在泰国的伊善高原栽种了 20 万棵树。

• 我们与 Nordestra 合作，于 2016 年底在巴西北部的 Pedra Talhada 生态保护区栽种 20 万棵树，从而打造出森林走廊。

• 我们致力于棕榈油可持续发展，不砍伐棕榈树，保护物种。

• 我们协助布基纳法索国妇女团体，建立可持续发展、有机、公平交易的乳油木种植业。

• 我们携手中国世界自然基金会，计划于 2018 年末前在中国云南省西双版纳及普洱地区，种植 15 万棵树，致力于恢复 2000 公顷森林。

“我们的愿望是：回馈赐予我们宝藏的大地。作为一家独立运作的家族产业有幸加入此行列，共同创造一种更负责任的发展模式。我们也清楚地意识到，环保事业需要每个人加强对身边环境的保护意识，这将是一个持续的过程。”

欧缇丽创始人

马蒂德 · 托马

图书在版编目（CIP）数据

法国女人的美丽手记 /（法）马蒂德•托马著 . --
北京：中信出版社，2017.9

书名原文：The French Beauty Solution

ISBN 978-7-5086-7775-0

Ⅰ．①法… Ⅱ．①马… Ⅲ．①女性－美容－基本知识
Ⅳ．① TS974.1

中国版本图书馆 CIP 数据核字 (2017) 第 144604 号

法国女人的美丽手记

著　　者：[法] 马蒂德 · 托马
出版发行：中信出版集团股份有限公司
（北京市朝阳区惠新东街甲 4 号富盛大厦 2 座　邮编　100029）
承 印 者：北京利丰雅高长城印刷有限公司

开　　本：889mm×1194mm　1/24　　印　　张：10.75　　字　　数：150 千字
版　　次：2017 年 9 月第 1 版　　印　　次：2017 年 9 月第 1 次印刷
书　　号：ISBN 978-7-5086-7775-0　　广告经营许可证：京朝工商广字第 8087 号
定　　价：69.00 元